# 櫥櫃設計

讓收納
不只是收納

不「藏步」的室內裝修秘訣都在這

美化家庭編輯部　著

## 作者序

# 櫥櫃 SHOW OFF
# 的時代

▼ 構設計提供

以前和設計師溝通住家裝修時，脫口而出的是擔心家裡的東西沒地方擺，所以總是：「我家要有超強的收納功能，可以放很多東西」，接著你可能獲得滿牆櫃子，一路從玄關到客廳四周牆壁，能長出櫥櫃的地方，全規劃上了。確實是超強收納，但你真真需要「收納」、只是存放東西的櫃子就好？

你也可以發現，部分設計師規劃空間時，亦會反過來問屋主有怎樣的收納需求，想放什麼物件，是鍋碗瓢盆多，還是小擺飾、書籍多，細心點，更問及其他生活習慣、喜好與同住家人的需求等等，再針對所需提供適當的櫥櫃設計。美化家庭編輯部攢著多年採訪經驗，深切體悟到現在的櫥櫃設計比過去更不簡單了。

櫥櫃，擺脫收納專用戶角色，更多是利用櫥櫃的櫃體立面來打造宜家宜居的生活動線。設計師透過櫥櫃改良了先天缺陷的格局，優化了空間機能，甚至解決風水；櫥櫃不再只是櫥櫃，從家具定位轉向隔間屬性，它讓收納不再只有「藏」，利用複合建材與設計手法，走向 SHOW OFF 的時代。

「櫥櫃設計」一書集結了 60 個設計案例，內藏精彩手法與設計要點，同時網羅數十個櫥櫃創意以及施作過程要注意的事項，要想知道自己該找怎樣的櫥櫃設計，我們也重點標記幾大因素，從生活習慣等隱形條件，到空間、預算與環境周遭的有形條件，再加上喜好的材料樣式與風格的美學條件，圖像化找出適合自己的櫥櫃。當你想翻修住宅時，不妨捫心停看聽，找到你的櫥櫃 Mr. Right。

美化家庭編輯部

# 目錄 CONTENT

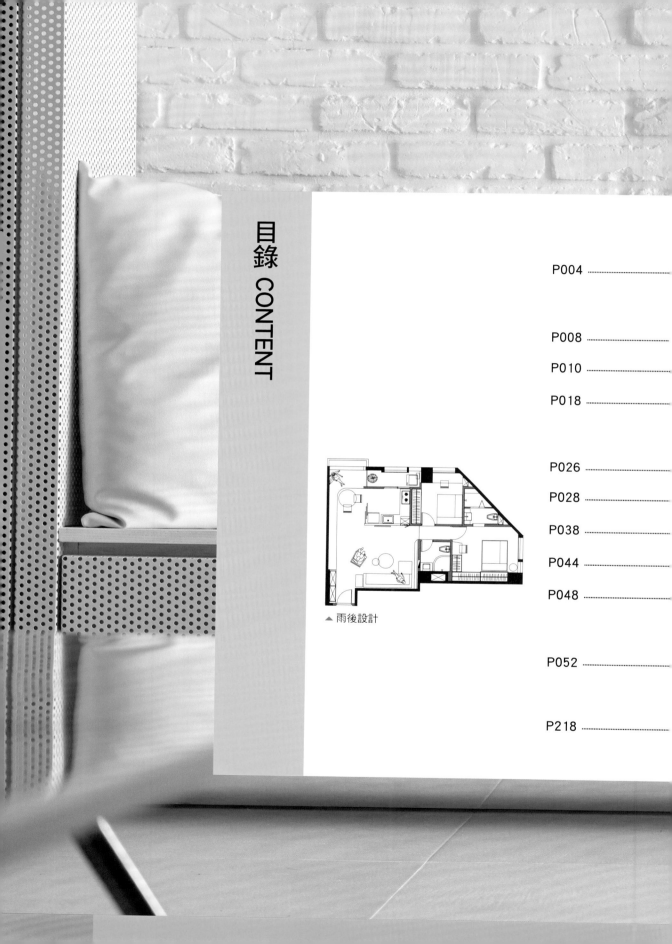

▲ 雨後設計

▲ 雨後設計

# CHAPTER

## 1

# 櫥櫃 Good Ideas
# 快速解決設計需求

Storage Cabinets Design Ideas

室內裝修不乏天地壁與設備等工程，其中佔最大量體，

更是居家空間設計比佔去 70% 的，非櫥櫃設計莫屬。

玄關有玄關櫃、小儲藏間、鞋櫃，

客廳則有電視櫃、收納展示櫃，

廚房區又有收納、廚具電器專用櫃，

走到哪都有櫥櫃設計，究竟櫥櫃型態有哪些，

花個 3 分鐘一次說清楚講明白。

# 這些都是櫥櫃設計

玄關櫃、更衣櫃、櫥櫃、浴櫃、鞋櫃、書櫃、儲物櫃…，這些都叫櫥櫃。傳統的櫥櫃概念是收納，只要能收放物品就好了，是可獨立存在的「家具式」設計，但現在透過裝修，衍生出美型修飾兼具機能，導向凸顯使用者的生活品味，改用整合的手法，和整體空間連動、相容，起化學作用。

## idea 01　玄關展示架

玄關轉折展示層架，不對稱隔板組合，運用木質調和黑色層架量體，鑲嵌燈條修飾，90 度弧狀展示牆區隔後方儲物區，隱藏原有畸零空間，讓視野動線不再尷尬，反使整體空間線條更加俐落。

▲ 層層室內裝修設計

idea
**02**　浴廁收納拉櫃

乍看是單純的收納拉櫃設計，但同時也扮演浴廁門角色。天花滑軌結合頂天立地的收納櫃，可左右拉移，這裡正好相鄰廁所，不另外設計廁所門，直接以收納拉櫃取代，可節省空間之餘，正好利用拉櫃形成一處端景，巧將廁所隱形。

▲ 樺設設計

idea
**03**　儲物衣櫃變主牆也是浴室隔間

臥房主床和無隔間浴室僅一線之隔，靠開放式儲物衣櫃界定兩處空間界線，而櫥櫃不只是櫥櫃，兩側鑲嵌壁燈照明，權當起主床床頭板，衣櫃也能是臥室風景，成了另類主牆，不再只扮演封閉的收納空間角色。

▲ 晨室設計

## idea 04 　電視櫃書牆微型圖書館

將屋主的生活嗜好融入空間，雖然是電視主牆位置，可透過石材、木皮、花草板、火山泥塗料等建材，巧妙將書櫃功能融合進電視櫃設計，一側是書區，另一邊是收藏品展示。宛如小型圖書館，電視反成了裝飾。即便層架採一樣的水平線，卻因不同材質的隔板錯落階梯式拼組，增加客廳不少亮點。

▲ 齊禾設計

## idea 05 　高低錯落鐵架展示

十足工業風范兒，偌大書房工作桌，從側面落地門窗延續到牆面，以鐵件為結構，大小不一的木作開放式櫥櫃收納，上下錯落編排，減輕整面牆純木作櫃體的壓迫感，增添空間視覺趣味性。高低錯落的櫥櫃正好給屋主家的喵皇當跳台。

▲ 丰墨設計

▲ 齊禾設計

## idea 06　T字中島櫥櫃

由三面主牆組成的T型空間，入門處黑色高櫃和不同石材地磚拼接，從立面到平面，劃分出玄關和廚房區，而L型廚房結合中島檯面，與黑色高櫃，恰好形成半回字型廚房動線，流理台上方規劃吊櫃，增加收納機能。

## idea 07　家具型鄉村餐廚櫃

小坪數美式鄉村，以多元收納為設計基礎，為能方便移動調整擺設，未來搬家也能帶著走，餐廚櫃選用訂製家具，而非找木工施作固定型櫥櫃，復古實木刷色、線板，金屬櫃門手把，再再替鄉村風空間加分不少。

### 設計小心機‧中島收納

廚房中島也是室內裝修重頭戲之一，僅次於客廳公共空間，這裡亦是家中第二多的收納空間。為免去油煙沾黏卡垢，建議中島下方的櫥櫃，甚至是廚房整套櫥櫃系統門片面板，選用好清潔擦拭的板材。常做菜的媽媽對這很有感。

▲ 采荷室內設計

## idea 08　夾層斜屋頂二層式挑高展示牆

整面牆做展示收納櫃不稀奇，要如何在原格局單斜屋頂的挑高牆體邊打造夾層，邊衍生開放式展示收納櫃，才要劃重點。採用輕薄架構的設計方式，降低櫃體厚重感，分割上下層同時，又要顧及使用者收納高度與方便拿取，以免造成局部展示架無法使用。

▲ 一它設計

## idea 09　哆啦 A 夢的樓梯百寶袋

梯下空間礙於斜角結構，高度又不足情況下，往往是家中必有的畸零場域，但也是轉做收納的好所在。高度較低處，可配合樓梯規劃一格格抽屜櫃，接近樓梯踏板旋轉處的高度與空間較寬敞，則可設計層架，門片部分來點花式處理，改用加高型洗洞拉門，活化梯下造型，也能稍微修飾美化樓梯。

▲ 大衛麥可設計

## idea 10　不鏽鋼鍍鈦金色鏡櫃

浴室櫥櫃收納概分成吊櫃和浴櫃兩大類。小坪數衛浴空間如不足，傾向開放式設計，開放式平台取物便利外，也能防濕氣。吊櫃部分通常結合化妝鏡與收納簡單盥洗用品，設計師挑選不鏽鋼鍍鈦方管和鐵框，懸吊天花板而下，組成鏡櫃，鍍鈦有助防潮，避免浴室過於潮濕，導致金屬容易生鏽，特別挑選金色漆，拉升輕奢華意象。

▲ 麻石設計

## idea 11　格柵屏風隔出玄關與電視牆

玄關櫃與電視牆都落在同一牆面，利用相同元素打造，締造整體感之外，一扇小巧白色格柵玻璃屏風，為住家劃立一小小玄關區，屏風的後側則是電視主牆所在。

▲ 引裏設計

## idea 12 　膠囊弧線幾何鞋櫃

室內無論天花或立面線條全以弧線幾何層疊包覆修飾，連帶玄關鞋櫃也不例外。設計師運用不同圓弧造型與建材混搭，讓鞋櫃充滿立體趣味。好比鞋櫃門板有如膠囊，邊框貼深色美耐板與門片色調區隔，另一面相疊的門板，則是切割成幾何方塊，改貼黑鏡，整個騰空架設，讓鞋櫃成了家中一道端景。

▲ 創界設計

## idea 13 　電視牆嵌餐桌一物多用

看似平凡無奇的電視牆，間隔開餐廳廚房與客廳空間，設計師刻意不做到頂、也不延伸電視牆寬度，好讓視線能喘息。然而最大亮點是電視牆旁的餐桌，它直接嵌入電視牆中，兩個看似不相干的設計「物種」竟結合一體。餐廳背後櫥櫃暖木質感替偏冷灰色調室內，添了一絲溫暖。

**設計小心機・天花高低差**

天花板設計彎弧高低不單為了活絡灰色冷調的公共空間，更為了包覆廚房排油煙管所做的修飾。有時候樓板有管線經過，天花板未必要平封處理，可以做出高低層次，空間造型變化度更大。

▲ 引裏設計

## 能彈性收納的鍍鈦鋼板玻璃紅酒櫃

呼應屋主工作性質與喜好，打造媲美奢華飯店的輕奢宅。空間大量採用多種異材質混搭，色彩更是極度艷麗搶眼，介於客廳和餐廳之間，坐落一紅酒櫃，櫃體前後以玻璃增加視覺穿透感，內部酒架則是運用鍍鈦鋼板打造成樹枝狀結構，穿插三角形實木塊來收放紅酒。最大亮點在於，三角實木可自由調整位置，依酒的類型來選擇平放或立放。

▲ 丰墨設計

## 消失的密室是化妝間

主臥因原始隔間關係，一進門，左手邊即為浴室，形成短 L 型過道，過道空間尚稱寬敞，為不浪費，利用浴室隔間牆打造小型「密室」—化妝間，相連至臥床區的衣物收納櫃。偌大的明鏡拉門，不僅權當穿衣鏡，一打開可看到供屋主梳妝打扮的小型化妝台，其深度還可藏一只椅凳；鏡台前面更安裝照明，方便使用者梳妝。

▲ 朵爾設計

# 不只是收納！
# 櫥櫃還要解決各種空間問題

美型櫥櫃如此琳瑯滿目，可以發現它們都是為解決空間格局問題而存在。幫多邊角基地修飾方整，替凌亂動線重新打造更為俐落的生活可能，處理令你尷尬的先天風水格局，像是開門見窗，一眼望進廚房等，又或者幫偌大空間落好機能設定，確立行為活動的節奏起伏，營造視覺停頓點。這些是好的櫥櫃設計必備前提。

## ■ 影響櫥櫃設計的主要因素

不是每個櫥櫃都適合你家，下列這些原因條件會影響設計的基本方向與成形手法。

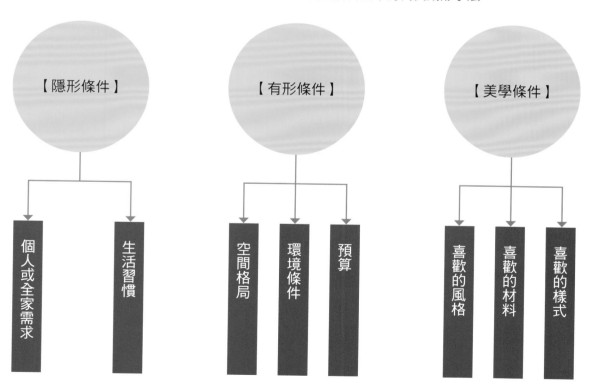

【隱形條件】
- 個人或全家需求
- 生活習慣

【有形條件】
- 空間格局
- 環境條件
- 預算

【美學條件】
- 喜歡的風格
- 喜歡的材料
- 喜歡的樣式

# 多面櫃創造複合動線

室內設計多利用櫥櫃來當隔間牆，做出「區分設計」，劃定客餐廳、廚房、玄關等機能空間，反而是臥房與浴室屬於私領域，通常在建築結構階段已大致底定。因此針對公共空間，動線規劃以複合式發展，憑空生出一道牆，好串聯彼此。

這道牆衍生成多面櫃，例如可以面對客廳那一側當電視牆，面對玄關位置的，則成為玄關櫃；可兩面式甚至三面式櫥櫃，對應不同空間收納需求。

▲ 憑空打造一面牆櫃區分玄關與客廳，再接合另一新立面，又獨立出餐廳位置，同時締造新動線。（湜湜設計提供）

▲ 餐桌島檯和製造進門入口轉折的玄關牆櫃相嵌，巧妙利用原格局畸零地，形成新餐廳空間。（湜湜設計提供）

▲ 多面櫃設計滿足了複合動線的需求。（湜湜設計提供）

# 解決 02 修飾空間比例與牆壁水平

為了動線需求,有時候會將既有的隔間牆拆除,不過並非每道牆都能拆掉改建,好比承重牆。也有人不想大動隔間(可能為了省預算),想在既有格局下改裝,那麼重分配空間時,可以用壁板來修飾掉不適宜外露的牆面,意即原本想拆的那道牆,相對也能以櫥櫃來轉換視覺。

當有些隔間呈現不對等水平時,亦可透過櫥櫃設計來校正。在牆外加裝系統櫃或展示櫃等,來與鄰近隔間牆切齊,讓立面排列有秩序。甚至面對狹長型格局,為不讓人注意到牆面過於細長,在同一設計元素下,運用不同櫃體組合,搭配壁板與照明規劃等等,來弱化牆的注意力。

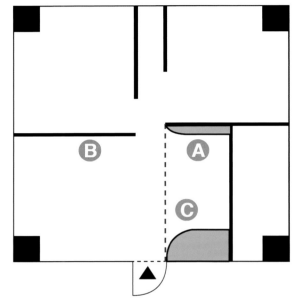

▲ 圖中 A 和 B 水平未對齊,添加弧線壁板來修飾調整,C 區當成玄關,做成弧線櫃體,和 A 元素相呼應,而 A 與 C 之間的場域,自然形成一獨立區帶。

▲ 長形壁面切割不同櫥櫃機能組合,轉化收整,矯正修飾狹長空間(樂創設計提供)

# 大型櫃搭配設計手法轉移焦點

櫥櫃規劃一般以頂天設計居多,至於有無立地,則視整體布局而定。頂住天花板的優點在於頂端無溝縫,不易藏汙納垢,便於打掃清理。但當樓板較低,頂天櫥櫃最好加裝間接照明,減輕櫃體量感,轉移低矮天花焦點,甚至下方可採懸空處理,櫃體不連接地坪,製造視覺喘息。

▲ 櫥櫃搭配角度、材質變化視覺端景(誠砌室內裝修設計工程有限公司)

不只頂天立地的垂直高度影響櫥櫃份量感,寬度面積比也會有影響。雖然愈寬愈大的櫥櫃可直接修飾壁面或空間比例,然而櫃體「表面」功夫不足,會過於單調少視覺層次,反讓大型櫥櫃成設計敗筆。所以規劃上,會利用顏色、線條、材質與造型等技巧,來替櫥櫃表面材製造細節變化。

▲ 櫥櫃未頂天立地,選用同一材質,採高低錯落排列,讓空間層次活潑。(誠砌室內裝修設計工程有限公司提供)

▼ 電視牆選用和室內色系相同材質,透過比例切割幾何線條搭配照明,製造櫃體光影效果。(誠砌室內裝修設計工程有限公司提供)

常見設計手法如下:

顏色:統一視覺,協調整體設計。

材質:異材質混搭,營造櫃體層次。

線條:以垂直水平或弧線不對稱線條穿插,好強化或柔化空間僵硬表情。

照明:透過立面光影,製造節奏氣氛。

## 解決 04 矯正不規則畸零地

買屋時，格局三角窗或許是商店熱愛款，但拿來當住宅，會讓室內裝修傷透腦筋。因為這樣的格局很容易讓室內空間被切割零碎，不好配置機能動線，所以勢必得透過一些設計手法來調整，然而過度方正劃割，反浪費掉這些三角畸零地。

從下方平面圖可知原格局屬於三角形，三角的最長邊又有多個內凹切角，導致室內拐拐繞繞。櫥櫃設計成了解救不規則空間最佳利器 — 櫃體線條和造型。作法如下：

▲ 一字型廚具切齊梁柱，留意廚房爐具家電使用的動距得符合至少一人行動便利。（湜湜設計提供）

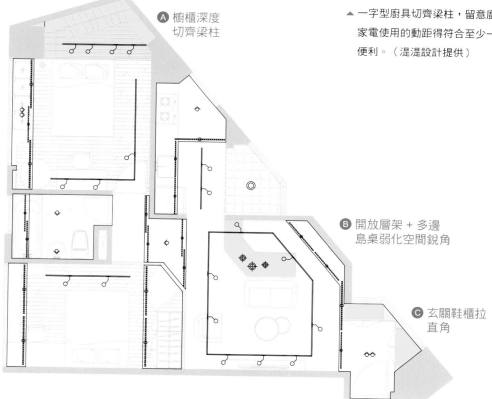

Ⓐ 櫥櫃深度切齊梁柱

Ⓑ 開放層架 + 多邊島桌弱化空間銳角

Ⓒ 玄關鞋櫃拉直角

▲ 不規則多邊空間，透過櫥櫃線條與配置，可以消弭修飾原本的缺點。（湜湜設計提供）

作法 1：玄關兩半高式鞋櫃拉整直角，門櫃直接
　　　　切齊邊邊角角，但內部收納深度保持原
　　　　格局，貼牆處理，不浪費一絲空間。

作法 2：客廳凹角牆安裝開放式展示架，櫥櫃不
　　　　做滿，也不密閉式，讓視野不封塞。

作法 3：客製多功能桌，可當餐桌也能兼做微型
　　　　書桌，多邊角造型呼應原不規則壁面，
　　　　弱化此區空間銳角。

作法 4：廚房櫥櫃流理台等，以一字型設計沿梁
　　　　柱切齊

作法 5：臥室門口也成銳角，保留原隔間牆，內
　　　　部靠門口處壁面，切齊配置衣物櫃。

作法 6：主臥位在邊間，有一大根梁柱，與之切
　　　　齊，改成收納空間，同時定調當主牆。

▲ 從圖中可見臥房的隔間牆也屬不規則形，設計師利用地
　坪不同材質拼接來矯正修飾。（溼溼設計提供）

### 設計小心機・畸零地大小決定修飾法

不是完整的四角空間，想用櫥櫃來隱藏，
可由畸零地的幅地狀況來規劃適合作法。

1. 角度大：用更衣室或複合櫃藏住畸零空
間。

2. 角度小：收納櫃修飾畸零地，反過來利
用畸零區域活化櫃體內部收納空間。

3. 切碎零散：飾板搭配上下照明修飾，轉
移焦點。

▲ 凹角壁面不做滿櫃子，利用小型展式開放架以及不規則
　造型多功能桌，轉化該區先天不利條件。（溼溼設計提
　供）

# 改變室內軸心玩出新動線

室內設計會預定一軸心，從中擘劃出隔間和設備的擺放位置，按原始格局不加挪動情況下，軸心為直線延伸，會顯得單調無趣。如下列平面圖示意，入口在格局中央，原直線式空間軸心將空間剖半切成四分，那麼櫥櫃設計只能沿著周邊牆面正擺，規劃上有些僵硬。

但當將軸心轉角度，櫃體斜切面處理或改變櫥櫃軸心位置，動線引導跟著受到暗示。所以設計師偶爾會利用櫥櫃造型，來個斜面或曲線，甚至位置左移右挪些，在不影響空間動線俐落度同時，帶點繞繞彎彎，變得有趣些，甚至改變你對既有坪效想像。

**設計小心機・大宅小宅櫥櫃有別**

坪數大小也會影響櫥櫃收納處理。小宅空間不大，複合型功能之外，要好收好拿。大宅坪效運用本就少限制，相對要讓屋主方便拿取，物件不會四處散落家中，所以櫥櫃強調便利式集中收納。

居住人數與格局規劃也是左右大小宅關鍵。例如 20 坪給 1 人做成 1 房 1 衛，空間便算大，若給三代同堂，那就會是小宅。

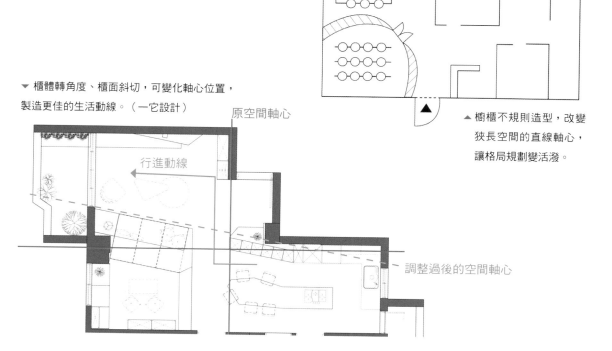

▲ 櫥櫃不規則造型，改變狹長空間的直線軸心，讓格局規劃變活潑。

▼ 櫃體轉角度、櫃面斜切，可變化軸心位置，製造更佳的生活動線。（一它設計）

原空間軸心

行進動線

調整過後的空間軸心

# 處理風水對沖問題

櫥櫃還有一項絕活是解決風水。開門即見窗、門對門,才剛進大門就看到廚衛等等,都是大家關心焦點,透過櫥櫃來遮蔽或轉移爭議地帶,好比屏風玄關櫃便是常見手法。

在室內也可借助多面櫃來處理風水忌諱。如下列平面圖,劃出空間軸心,左邊是客餐廳,右上是中島與餐廳同一水平線,臥房則散落右側上下兩處,與其在門口設計玄關屏風來遮掩公共領域,不如在軸心中段設計量體較大的三面櫃,對應中島、走道和玄關,同步顧及三處收納需求。另外三面櫃造型刻意斜切,視覺層次也變多元。

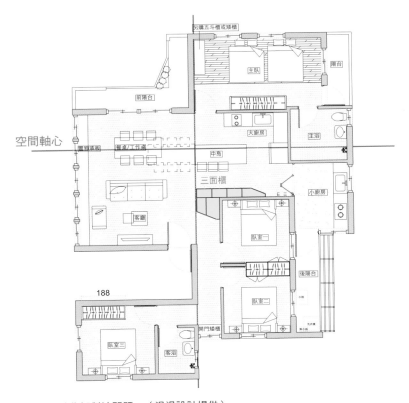

空間軸心

加購五斗櫃或矮櫃　陽台　主臥　前陽台　大廚房　主浴　中島　三面櫃　小廚房　客廳　臥室一　後陽台　188　臥室二　開門矮櫃　臥室三　客浴

▲ 調整軸心與櫃體量積,巧妙化解對沖問題。(湜湜設計提供)

# CHAPTER
# 2

# 完美櫥櫃施工要訣

了解自己的需求與空間布局後，接下來該落實櫥櫃安裝改造。

室內設計將櫥櫃設定於木工階段，是裝修重要工程之一，

它的施作涉及工種相當多元，

鐵件、玻璃、燈光、有時還會有家飾廠商，

彼此階段性分工，忽悠一個細節，可能讓櫥櫃設計大扣分。

# 基本櫥櫃組合要素
# 定好位置再談細節

常說櫥櫃得依需求量身打造,不過它坐落地點也是關鍵。是浴室呢,還是廚房呢,又或客廳,不同空間也會有它的基本規劃訴求。簡單來看,從位置來定細節,細節由需求面(生活習慣、想要的功能)逐步制定櫥櫃真實「長相」,到底要立櫃或吊櫃,該用抽屜式或層板架,包含開啟方式要用按門式或把手型,還是摳門設計,全從中敲定一二。

## 櫥櫃規劃基礎二分法

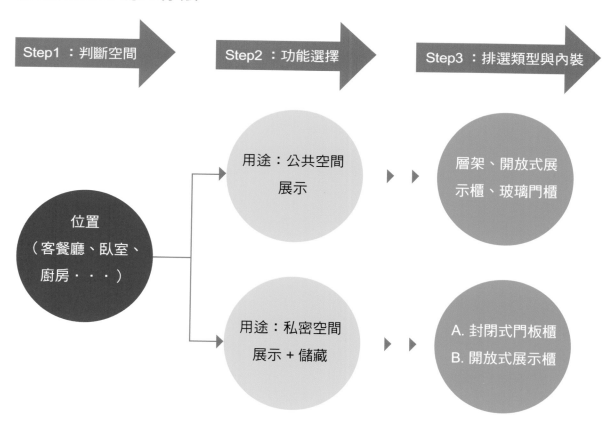

Step1:判斷空間　　　Step2:功能選擇　　　Step3:排選類型與內裝

位置
(客餐廳、臥室、
廚房‧‧‧)

用途:公共空間
展示

層架、開放式展
示櫃、玻璃門櫃

用途:私密空間
展示 + 儲藏

A. 封閉式門板櫃
B. 開放式展示櫃

▲ 櫥櫃設計頗繁複，得和其他相連區域一同思考。（大湖森林室內設計提供）

▲ 有些櫥櫃採系統櫃製作，有些純木工打造，依設計圖釘底板架結構，一環環工序，最後還要經由上漆或貼皮等表面修飾，才算圖個圓滿。（大湖森林室內設計提供）

## ■ 開放展示櫃　適合經常拿取或展示收藏品

沒有櫃門，主結構櫃體由層板組合而成，讓擺放的物品一覽無遺，也因為沒有門板遮擋灰塵，以致層架容易沾染汙垢，需定期清潔整理。另有玻璃門板的展示櫃，有的會以厚點的強化玻璃當層架，製造輕盈感，但收藏品不宜過重或邊角尖銳，避免刮傷。

Note 1

為凸顯收藏品，可在靠櫥櫃的天花安裝投射燈，讓燈光照射物品。

Note 2

承上，櫥櫃層架安裝間接照明，如內藏嵌燈或燈條，讓整個櫃體變得更聚焦，夜晚時分形塑空間氣氛。

▲ 杯子茶具，也能是居家空間美麗藝品，開放式展示櫃一格格擺放杯盤，和電視牆結合一體，讓人有如走進藝廊。（田遇設計提供）

## ■ 三層櫃 + 一般櫃　收納展示功能合一

一般櫃定義籠統，多指封閉式的門板櫃，沒有特定空間，運用範圍較不受限，僅根據使用建材來決定其牢固耐用與否。而三層櫃也非字面上描述，由層架組成三層格收納的櫃體設計，其分成三大區塊，上層門板式櫥櫃，中間層為工作平台，下層則可變化抽屜或門板式的拉抽設計。這類櫥櫃會安排在餐廚區域、中島等場域。

### Note 1
拉抽式櫥櫃以收納功能為主，依五金滑軌來決定抽屜的彈出方式，有油壓與一般拉抽。

### Note 2
有些廚房中島的下層櫥櫃考量成本，會採單門板設計，不另外安裝層架或分隔式抽屜。

### Note 3
三層櫃的工作平台除了木造貼皮，還可選用人造石板材或薄板磚來兼當檯面，這區可兼具展示功能。

▲ L 型櫥櫃將洗碗機、微波爐等廚房家電配置在工作流理台下方，照顧到使用者動線需求，中島檯面則延伸到側邊工作桌與置物檯面（寓子設計提供）

## ■ 門片抽屜式高櫃　根據擺放品調整設定高度

新一代設計觀念將櫃體高度訂在 80 至 100 cm 以上者，使用門片式設計，內部借助活動層板來滿足收納需求，若 80 至 100 cm 以下的，改用抽屜櫥櫃，抽屜又可分深抽屜（30 到 45 cm 深）、一般抽（16 到 25 cm）和淺抽屜（16 cm 以內）三大類。通常最下方會規劃深度 45 cm 深抽屜，好收納較多的生活日用品。

若 120 cm 高度以下空間，可不做層板，單一門片櫃規劃，好方便收納大型物件，像是吸塵器、除濕機或行李箱等。

Note 1

抽屜的深淺尺寸計算，是看高度而非長度，且須依收納物品材積來評估。

Note 2

放書籍或大型文具資料夾的層架深度，考慮一般書籍常見尺寸，建議抓 35 到 40 cm。

Note 3

抽屜櫃的面寬與面的設計比例相互影響，設計師會根據需求調整。

▲ 廚房櫥櫃需有超高機能收納，抽屜與門片櫃組合務求彈性。（邑田空間設計提供）

▲ 配合家中小孩遊戲讀書使用的矮櫃書桌,兼具收納功能,高度參考以小朋友為主。(築居思設計提供)

◀ 複合型書桌收納的高度與層架安排 3D 結構示意與實際成品。(築居思設計提供)

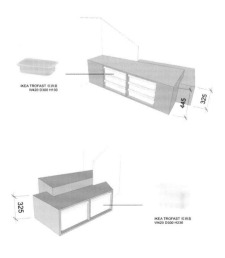

▲ 展示架高度怎麼定最恰當，需知道將來想擺放的物件為何，是純藝術收藏還是書籍，他們各自的材積大小，影響設計師調整層架高度和結構支撐力。（層層室內裝修設計提供）

▲ 高級版櫥櫃設計，設計師會根據使用者需求和生活習慣來制定抽屜櫃內裝。（晟角製作設計提供）

## 設計小心機·內裝客製

好一點的抽屜櫃內裝，會根據使用者需求，量身客製多格置物架，依擺設物品的尺寸大小以及數量，以木作打造。現在市面有不少塑料或尼龍纖維材質製成的分隔收納盒、分隔板等，讓收納儲物更有彈性。

# ■ 各式櫥櫃施工性價比

| 類型 | 優點 | 缺點 | 成本花費 |
|---|---|---|---|
| 客製木作櫃 | ● 可依需求量身訂做<br>● 材質用料皆可客訂，成品不受限制<br>● 可切中喜好，兼顧空間整體美感一致 | ● 施工期略長無現成成品可參考比較，容易有誤差引紛爭<br>● 客訂品無法退貨，如不了解接單師傅水平，風險性倍增 | ● 依尺寸、材料而訂，但客製品往往比量化成品造價還高 |
| 木作櫃 + 系統櫃 | ● 可節省施工期<br>● 系統櫃體細緻，採工廠電腦切割，收邊效果佳 | ● 木作櫃可配合的變化較少<br>● 兩種櫃體搭配，多少有工法差異 | ● 系統櫃可降低純木作櫃成本，兩者併用會比純木工親民 |
| 系統櫥櫃 | ● 櫃體內外材一致，較美觀<br>● 便宜、環保，可重複使用<br>● 節省工時 | ● 制式化產品，有尺寸限制<br>● 承重力較差<br>● 銜接面和壁面的收邊容易出問題 | ● 費用根據選材浮動，門板、五金、橫拉門楹都是左右因素<br>● 櫥櫃內裝層板愈多，抽屜設計造價就愈貴 |
| 家具型櫥櫃 | ● 選擇多元，可依喜好和預算挑選<br>● 屬工廠大量生產製品，店家選購幾乎都有退貨保障 | ● 因尺寸和功能固定，未必符合住家空間需求<br>● 屬活動櫃體，無法和壁面全然密合，容易藏汙納垢 | ● 依尺寸、樣式、材料而定<br>● 進口家具，還會受到關稅影響，抬高售價 |

▲ 櫥櫃要設計多高，內層要有多少層架，夠不夠支撐，要考慮的因素很多。（晟角製作設計提供）

# 櫥櫃加裝插座與嵌燈
# 讓水電先配線確認位置尺寸

當天花板工程告一段落,接下來便是櫥櫃壁面修飾工程,木作師傅替櫥櫃設計進行底板結構作業,意即製造櫃體桶身,依序鑿孔切割層架板材,根據配置圖安裝五金零件,最後才進入油漆工序。若櫥櫃是有搭配間接照明,或者藏有插座,便必須協調水電施作配管標記尺寸位置,讓木作好開孔正確大小,不然會發生鑿洞過大或位移瑕疵。

▲ 木作師傅底板修飾壁面同時,也在進行櫥櫃結構作業。(構設計提供)

▲ 立好桶身結構,進行固定作業。(澄易設計提供)

▲ 櫥櫃規劃現在多運用木作結合系統櫃打造。(安喆設計提供)

## 櫥櫃基本施工流程

以下為櫥櫃基礎施工過程，不含其他玻璃、石材、金屬等異材質複合施工。而櫥櫃會和壁面修飾工程一起施作。

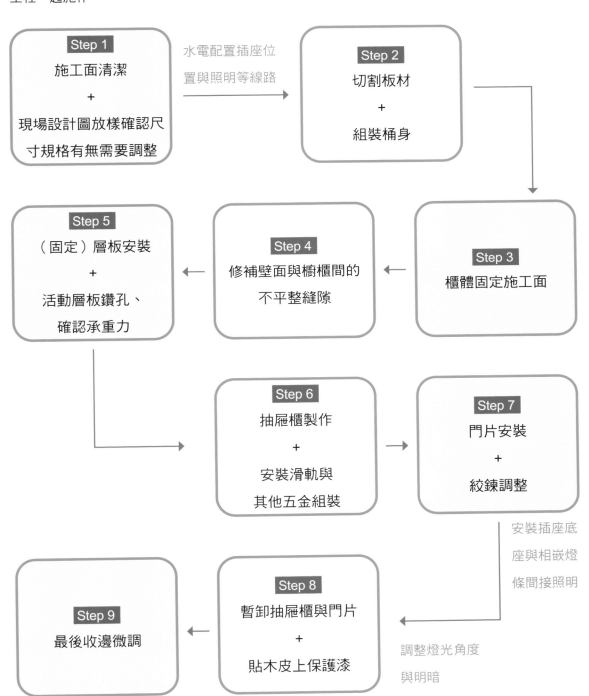

**Step 1**
施工面清潔
＋
現場設計圖放樣確認尺寸規格有無需要調整

水電配置插座位置與照明等線路 →

**Step 2**
切割板材
＋
組裝桶身

**Step 5**
（固定）層板安裝
＋
活動層板鑽孔、確認承重力

**Step 4**
修補壁面與櫥櫃間的不平整縫隙

**Step 3**
櫃體固定施工面

**Step 6**
抽屜櫃製作
＋
安裝滑軌與其他五金組裝

**Step 7**
門片安裝
＋
絞鍊調整

安裝插座底座與相嵌燈條間接照明

**Step 9**
最後收邊微調

**Step 8**
暫卸抽屜櫃與門片
＋
貼木皮上保護漆

調整燈光角度與明暗

# ■ 預留埋管標記位置　方便木工安裝櫃身鑿孔洞

通常玄關櫃、中島電器櫃、電視牆以及書桌兼展示層櫃等地方，扣除原結構既有的照明插座開關位置，配合櫥櫃規劃，得重新鑿洞出線外，因應功能需求，會多加裝插座。又或展示櫃需有間接照明好聚焦收藏品，甚至援作氣氛用途，讓櫥櫃與水電工程在前期合作密不可分。

空間若換到餐廳廚房，和電器設備安裝環節緊密相連，在這一層層的關卡中，在木作師傅進場按設計圖放樣確認櫥櫃位置和尺寸時，得和水電工班溝通確認插座位置，以及開口大小，方便裁切板材時，好預留正確位置尺寸。不然會發生開口錯誤，孔洞留太大產生縫隙差、櫥櫃桶身背板直接覆蓋水電預留插座孔等裝修瑕疵。

標記好位置大小，也別鬆懈，待櫥櫃工程近乎完成，進入油漆步驟前，務必拿搭配的插座二次比對確認，因為有些特殊規格並非每個師傅都接觸過，避免最後安裝出問題。

Note 1
配合插座位置，水電配好線路後，務必出線，讓後續安裝好進行。

Note 2
考量電流容量與用量需求，事先規劃的迴路最好留有「餘地」，避免不夠用，特別是廚房的櫥櫃。

Note 3
內嵌電器櫃或其他設備的櫥櫃，除了讓水電預先埋管外，木作也要精準掌握設備尺寸，預留 3 到 5 mm 恰到好處的伸縮縫，以免未來設備塞不進櫃體，又或留縫過大，外觀不美觀。

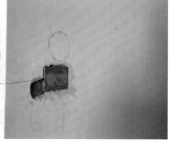

▲ 木作進場施工時，務必與水電確認相關插座、照明等線路配置，並且確保水電要出線。（簡致設計提供）

▲ 展示櫃有插座規劃，須注意插座開孔位置大小是否正確。（一它設計提供）

# ■ 櫃體完成再裝間接照明　記得測試調整角度與明暗

基本的嵌燈配置，按挑燈具、現場調整等順序進行，從色溫、瓦數、演色性、明亮度等判斷合適款式，現場安裝時邊調整角度測試即可。若為 LED 燈條，特別是藏在櫥櫃下方或背側位置，水電師傅便得在一開始木工進場前先做好引線。

但要留意，如果櫃體寬度過長，像是一整面牆全做櫥櫃，又有擋板切割幾個立面，那麼木工得事先將擋板預留凹槽，方便燈條穿過，無須分段安裝。因為分段安裝得事先算準長度，分接燈條時，又要有各自引線。兩種作法皆可，就看事前如何規劃。

▲ 更衣間的燈具選擇，傾向柔和色溫。（優尼客設計提供）

Note 1
加裝照明的工程可由水電師傅或燈飾照明廠商進行，有些燈具安裝較複雜或收邊細節較複雜的情況下，會由照明廠商來協助。

Note 2
燈具安裝測試大致落在油漆收尾階段，和空調家電進場安裝同步執行。

Note 3
嵌燈間接照明建議可選有防眩效果的 LED 燈，高演色性、色溫以 3000K 為主，可營造溫馨舒適感，對材質質感呈現效果也較佳。

Note 4
當櫃體寬度較長，中間又有擋板，安裝燈條的手法可依設計規劃，於現場組裝或先在工廠加工，分段安裝。

◀ 集結展示收藏與衣物包袋收納的更衣室，中央走道天花搭配嵌燈，玻璃展示櫃以燈條鑲邊，製造框線效果，兩處選用的色溫略有差異，這必須安裝後比對校正出最佳氛圍。（優尼客設計提供）

# ■ 化妝櫃隔層多　燈光訴求打亮肌膚

化妝櫃收納與照明規劃注意的眉角也不少。它的收納需求很清楚，主功能在於保養品與梳化用具收納，至多將首飾、頭飾等納入。針對眾多瓶瓶罐罐，尺寸較小的物件，多格式層架或抽屜櫃是設計重點。

不過因為化妝櫃容量需求小，考量空間限制，常與複合式書桌、工作桌合併規劃，使用者若需求量低，可能以單層抽屜櫃替代，而它出現的地方未必會在臥室，可能出現在浴室，和吊櫃結合。

對設計較講究的，化妝櫃會安裝照明輔助，梳妝打扮時，可以將臉照得清楚又不失細緻，這要注意位置與燈光選擇。要能適當照到臉部卻不刺眼，燈光色溫要自然，不能過於死白，不然會讓妝髮失真。另外，燈光線路內藏，如果是感應型照明，其管線與變壓器位置，更要考慮日後維修的便利性。

▲▼▶ 化妝台（桌）往往與其他機能合併，尤其是小坪數宅，如立面設計圖顯示，化妝桌採掀蓋式設計，打開是化妝鏡與保養品收納，闔上就是一平整的工作桌。（邑田空間設計提供）

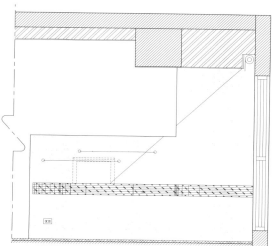

▲ 直立式化妝櫃，內嵌檯面，一體成型。打開門櫃，可發現內裝分隔層較多，門片設有瓶罐收納層架，並內藏感應燈。（夏木設計提供）

◀ 有些浴室吊櫃會被援做化妝櫃的一部分。（簡致設計提供）

### 設計小心機・浴室板材要防潮

因為浴室濕氣較重，板材吸附過多水氣，容易導致變形甚至受潮發霉，故浴櫃材質建議選耐潮、防霉較佳，可提高耐用度。若安裝的是密閉型門片櫃，可在櫃體下方鑿透氣孔，讓內部透氣通風，避免悶臭。

# 配合收納需求
# 精心計算櫥櫃支撐力

櫃體內裝，與層架數量、寬度、深度、板材厚度以及使用材質等有關，設計師或施工廠商會事先詢問想收納什麼，自己家裡有什麼收藏，什麼東西較多，有什麼想藏起來，那些要秀出來，細心點的，可能到府場勘確認。在後續第三章 CHAPTER 3「挑一個適合你家的櫥櫃設計」，就有案例為屋主大量藏書，特別打造比一般展示櫃更穩固的書架牆。所有收納必須回歸櫥櫃的支撐力是否足以應付，並非只在乎到底要活動層板好，還是固定層架優。

▲ 櫥櫃收納，相當注重結構的承載力，得事先確認擺設物件為何，好評估設計。（有隅空間規劃所提供）

# 強化櫥櫃結構支撐力簡易評估

**STEP 1：收納物判斷** ▸▸ **STEP 2：基本需求** ▸▸ **STEP 3：櫥櫃支撐力**

| STEP 1：收納物判斷 | STEP 2：基本需求 | STEP 3：櫥櫃支撐力 |
|---|---|---|
| 重型物如書、文件 | 展示櫃：社交展現<br>門片櫃：修飾隱藏 | ・實心板材厚度至少 6 分以上<br>・層架寬度太寬需嵌鐵片支撐 |
| 大型器具如吸塵器、清潔器具 | 門片櫃：<br>絕對隱藏 | ・活動層架為主，可彈性調整<br>・底座支撐力加強，避免重物壓垮 |
| 小型輕量物如公仔、飾品 | 展示櫃：<br>絕對社交外露 | ・可用強化玻璃當層板<br>・部分活動層架輔助，彈性調用 |

◀懸空的展示收納櫃，因寬度較長，特在層板內嵌鐵件來強化支撐力。（紅殼設計提供）

## ■ 大型高櫃務必鎖牆補骨架 避免崩倒與變形風險

靠牆櫃多半建議鎖牆，特別是高度超過成人身高一半，以免倒塌發生意外。針對非常規高度的木作櫥櫃，除了搖晃風險，還得留心長時期使用，導致木料變形危機。以下圖為例，客廳收納櫃直接頂天立地，將大梁包覆修飾同時，讓視覺往上延伸，隨著櫥櫃頂到天花，收納空間也跟著往上增加。但高過 8 尺的板材，容易使門片日後變形，因此門片內加裝金屬骨架，強化支撐力，可延長使用壽命。

Note 1
避免過高門片變形，可以上下切割組合，做成上下櫃方式來替代。

Note 2
大型門片與櫃體縫隙落差大，有傾斜狀，可能是鉸鏈沒調整導致，相對使用久了，鉸鏈會鬆脫，重校正即可。

▲ 櫥櫃直接頂天，相對門片高度高過 8 尺，為防門片變形，加裝金屬骨架支撐。（夏木設計提供）

◀ 櫥櫃設計學問大，層板、門片等都需計算適宜的承載力。（構設計提供）

# ■ 鐵架結構頂天立地求牢固　層架嵌金屬加強支撐力

不少人櫥櫃選擇鐵件當主結構，層架板選用其他材質，一樣老問題，得注意鐵件支撐力。最佳作法是頂天立地，鎖進樓板，不過考慮整體視覺，當鐵件直立支架僅有幾個支點立地，需強化結構力，傾向套管增加側牆的固定度。

另外層架寬度超過 60 cm 時，或懸空設計，全仰賴主結構鎖牆情況下，要小心板材軟化容易變形，這須提高層架結構能力，最常見手法便是在層板中埋鐵件支撐。

Note 1

鐵件吊櫃重量過重，不可直接鎖矽酸鈣板打造的天花，最後加裝夾板強化，或直接鎖樓板較安全。

Note 2

圓管金屬當展示櫃主支幹，最好評估擺放物件重量來決定口徑尺寸大小，如顧及美觀，得配合其他工法來補強，解決承重問題。

▲ 主牆以造型展示櫃出發，鐵件分段式靠牆緊鎖。（有隅空間規劃所提供）

# 最後收邊修飾
# 留意邊界線施工縫隙落差

櫥櫃要美型實用,最後的收邊工序最為重要,特別現在的櫥櫃多走異材質混搭,有鑲金屬條修飾,也有使用鐵件與玻璃,甚至有貼皮革繃布、石板等建材,不同建材有其施工厚度,想「無縫接軌」處在平整狀態,得靠設計師拿捏好數字。不僅如此,還得算進相接的天花樓板、地坪與立面牆壁接縫處,不會落差太大,又能顧及熱漲冷縮的伸縮縫,以免有礙瞻觀。

▲ 櫥櫃的收邊作業要注意天地壁的接縫處理。(朵爾設計提供)

# ■ 異材質接縫美型　可留縫可填補

提到接縫收邊，第一直覺是填縫美容劑，再者絕大多數會以矽利康來做天地壁的邊界處理，最粗糙的是運用膠條來收邊，膠條不甚建議，因為會讓美感大打折。在不填縫處理下，設計師需計算好不同建材的施工厚度，設想最佳的伸縮縫。好比鐵件書架搭配實木層板，要能把層板放進鐵架又不會卡到，還要顧及放好後，不能露出太多溝縫，得小心拿捏。

Note 1

填縫矽利康時，要注意劑量與收尾平整，別露出一大截填縫劑。

Note 2

伸縮縫當收邊，建議抓在 3 至 5 mm 左右，這須配合空間演出，例如 5 mm 可運用在天花，製造陰影用。

Note 3

承上，切割板材時最好事先放樣，現場再確認尺寸最為保險。

▲ 玄關櫃是用鐵架當主體，周邊包裹木作，得留意兩者材質接縫差異。（築本國際設計提供）

▲ 弧形木作板材接合好，待噴漆作業後，得針對接邊進行收尾。（築本國際設計提供）

# ■ 油漆最後工序　木作櫃貼皮上保護漆

木作告一段落後，會交給油漆收尾，室內設計才算告一段落，隨後即為驗收調整階段。當油漆進場時，會針對壁面與櫥櫃進行噴漆上色作業，一些難用噴槍處理的邊角縫隙，會再行人工補強作業。除此，一些呈現木作自然原色的櫥櫃，通常會再塗擦一層透明的保護漆來避免染色，或沾到髒污時好清理，有的則藉保護漆讓木色更加沉穩有質感。

Note 1

油漆作業時，需將做好的櫥櫃包覆薄層防護膜，避免噴漆的粉塵染色。

Note 2

邊角勾縫難包保護的地方，可用封箱膠帶替代，但切記勿黏在已貼好木皮的板材上，避免撕下時，造成毀損。

▲ 原本安裝好的抽屜櫃，在油漆過程時會另行拆解下來，避免弄髒，有些木作櫃為日後保養方便，會塗上一層保護漆。（有隅空間規劃所提供）

▲ 進行噴漆作業，為防金屬圓管沾到髒污，必須做好保護動作。（有隅空間規劃所提供）

◀ 鐵件書架牆現場噴漆，周邊須做好防護措施。（築青國際設計提供）

▲ 邊角隙縫的收邊工程細膩與否，才是看出櫥櫃設計好壞的關鍵。（雨後設計提供）

CHAPTER

3

# 挑一個適合
# 你家的櫥櫃設計

Stories about Storage Design

還不知道選哪款櫥櫃設計好，沒關係，

美化家庭編輯部精心挑選 60 種美型櫥櫃設計，

一一解析每種作法與選材上的差異，

款款絕對是預定人氣款，而且不褪流行，

讓你慢慢挑、仔細找到最對你味的那一個。

# CASE 01 衣櫃書桌共構
# 鐵網甘蔗板打造半開放式收納

▲ 從平面圖看空間構造，臥室本有櫥櫃收納，鄰近援作書房區，因放置衣櫃概念，反而讓主臥空間有延伸放大效果。

## 裝 修 快 訊

● 風格：工業風
● 搭配建材：甘蔗板、鐵件、
塗料、浮雕科技黑梣木

● 櫥櫃主體：衣櫃
● 設計：你妳設計／林妤如

# 核 心 概 念

與主臥相對、隔著浴廁的次
臥，呼應屋主喜愛的工業風
格，設計師選擇規劃成多功能
室，平時可當書房，若有訪客
造訪，小調整成客房，這裡不
單書桌（工作桌）、書櫃機
能，而是將部分衣櫃收納機能
挪來這兒，彼此共構一體。

延續格局主要甘蔗板和鐵件元
素，包含出入口 180 度開門
的穀倉門，衣櫃門板與書架層
板，以及書桌抽屜全為甘蔗
板，衣櫃門板更內嵌鐵網，鐵
網縫隙密度帶有穿透性，可不
失禮儀又能一目了然吊掛了哪
些衣物，鐵網孔洞還能保持衣
櫃通風，不讓儲放的物品放久
有霉味。

## 設計小心機・踢腳板
衣櫃櫃體桶身下緣抬高，
保留踢腳板應有高度，不
將甘蔗板門板頂到地坪，
可避免經常碰觸以致甘蔗
板染色有髒汙，減輕屋主
保養清潔負擔。

▲ 甘蔗板和鐵網是表現工業風最好運用的素材之一。

甘蔗板穀倉門

玄關收納櫃

▲ 甘蔗板穀倉門未採滑門處理，而是用 180 度開門方式，圖中望向遠處，
　可以清楚見到整體設計上的元素一致性，牆面主色調土耳其藍、甘蔗板櫥
　櫃與鐵件，帶來淡淡工業風色彩。

# 設 計 重 點

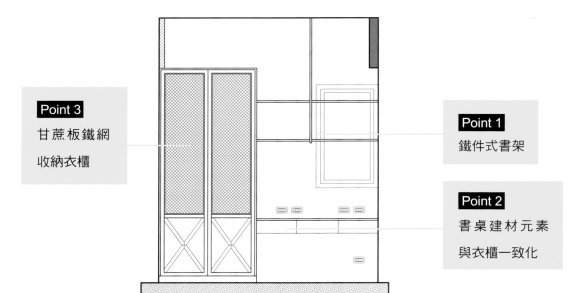

Point 3
甘蔗板鐵網
收納衣櫃

Point 1
鐵件式書架

Point 2
書桌建材元素
與衣櫃一致化

## ① 鐵件式書架

依書桌上方規劃書架,但顧及書桌寬
度有限,位置恰有一長型氣窗,如打
造封閉型書櫃,怕失了原窗戶採光,
櫥櫃木造量體也怕帶來壓迫感,因此
單以鐵件作為書架的支撐結構,由
天花與左側衣櫃延伸,強化穩固力,
甘蔗板當書架層板,刻意沿著窗戶寬
度,裁切成上長下短,讓層架帶點層
次。靠上方較長的書架,掌握甘蔗板
與窗戶的尺寸差,挖鑿凹槽,以方便
百葉窗簾開闔。上層層架飾品陳列,
又可修飾美化部分露出窗型。

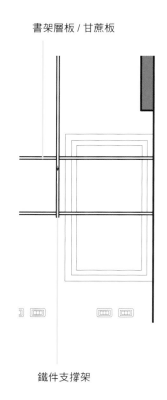

書架層板／甘蔗板

鐵件支撐架

## ② 書桌建材元素與衣櫃一致化

書桌主材料可分為桌面材的 503 浮雕科技黑栓木木心板，抽屜採甘蔗板，與鄰旁的衣櫃用料相呼應。黑栓木雖然是道地木作原料，可渾厚深黑色澤卻能和鐵件相融，十足貼近工業風常見配色。甘蔗板打造的單層 3 件式抽屜，可滿足不同文件收納需求。設計師還特別留意屋主的使用習慣，書桌下緣安排兩座插座，書桌上方亦有多組插座和網路電話線路。

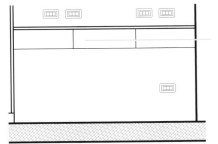

抽屜 / 甘蔗板

## ③ 甘蔗板鐵網收納衣櫃

衣櫃可分 3 層功能組合，最上方配置 2 層活動層板，可依需求彈性調整，中央主層鑲嵌吊衣桿，便於懸掛大衣外套或不適合摺疊的衣物，下方則是 4 格抽屜櫃，以摳門設計法方便收納和拿取。衣櫃桶身和層架，全用浮雕科技黑栓木木心板，門板則選擇和房門相同的甘蔗板，門板上方更內嵌鐵網造型，對應屋主喜愛的工業風。

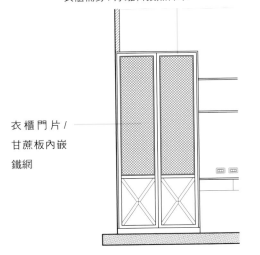

衣櫃桶身 / 浮雕科技黑栓木

衣櫃門片 /
甘蔗板內嵌
鐵網

衣櫃桶身 / 浮雕科技黑栓木

空

空

抽屜　抽屜

抽屜　抽屜

抽屜 / 浮雕科技黑栓木

# 小坪宅收納櫃也是牆
# 白色幾何圓拱超討喜

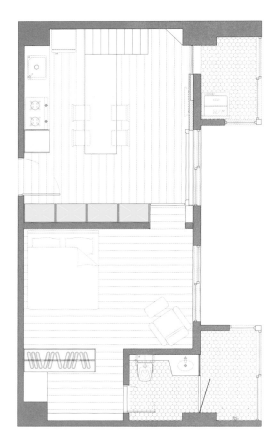

▲ 小坪數住宅，採夾層設計，利用虛化概念將櫥櫃
視為牆的一部份，藉以區隔臥室和公共空間。

**設計小心機・孔洞把手**

收納櫃門片上的圓形孔洞，除了造型，也是透氣孔，更是把手。

## 裝 修 快 訊

● 風格：現代幾何童趣

● 搭配建材：松木合板、漆面

● 櫥櫃主體：分隔牆＋儲物櫃

● 設計：晟角製作設計／林昌毅

# 核 心 概 念

屋主喜歡靜謐清爽氛圍，希望家中每個角落都有陽光，考慮坪數小與收納需求，人工添設隔間牆劃分公共空間與臥房私領域，而牆更是兼當儲物櫃，櫃體表面全白色噴漆，好製造輕透感，收納櫃還切割圓形、幾何矩形等塊狀組合，半露出木作板材原色，讓牆櫃設計擺脫制式單調。

▲ 木造隔間牆兼當儲物櫃，全白色系在視覺上有膨脹效果，可放大空間感，加點幾合造型線條，讓層次更鮮明些，也帶點趣味性。

# 設 計 重 點

造型門片　　　漆面
　　　　　　松木合板
　　　　　　　造型抽門

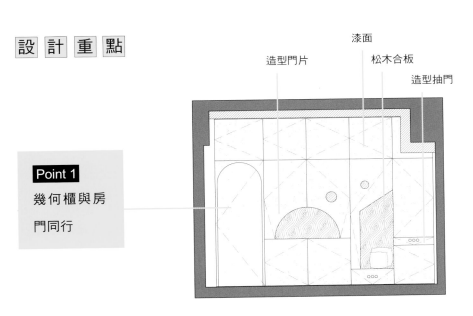

**Point 1**
幾何櫃與房
門同行

## ① 幾何櫃與房門同行

從平面圖可知牆櫃和臥室房門水平切齊，徹底讓房門和櫃體二合一，為能真正「隱形」，房間門不做把手，改以推門方式開闔，更設計成圓拱，好呼應圓形孔洞及收納櫃半圓幾何造型。另外，因為是將牆和儲物櫃合併，櫃子的深度比一般隔間牆深，使梯形區塊不止能擺放物品，還可供人坐著休息。

▲ 推開圓拱造型門片，便是臥房入口。

# 迷戀家的證據
# 收納櫃切割屋瓦造型

▲ 直接在客廳主沙發後方，沿著梁柱為邊界，規劃開放式書房，架高型地板可增加收納空間，背牆展示櫥櫃運用家的造型來活化視覺。

## 裝修快訊

● 風格：現代簡約

● 搭配建材：梧桐實木皮、白梣木、烤漆

● 櫥櫃主體：複合型主牆櫃

● 設計：構設計／楊子瑩

### 設計小心機 · 門房漆面

牆櫃與臥室、公用洗手間房門成一直線設計，房門隱形化外，考慮視覺層次，刷不同木質色調漆面來調和整體氛圍。

# 核 心 概 念

重新翻修住了30十幾年的房子，因為屋主對家有深深的迷戀，設計師特地將家的符號意象，複製於空間周遭，同時一改過往櫃體深色實木的暗沉調性，整體空間選擇白色與溫潤淺木質調來變化主視覺。

考慮到屋主的集郵冊收藏和生活習慣，牆櫃合一，把收納盡量集中，其清爽、明亮又帶簡約質感的櫃體設計，重新裝載屬於一家人的溫馨記憶。

展示收納
櫥櫃牆

房門入口隱形

▲ 櫥櫃的房屋造型，靈感來自屋主對家的深刻情感。

▼ 電視牆也是玄關櫃，一牆兩櫃面設計，製造雙動線。

# 設 計 重 點

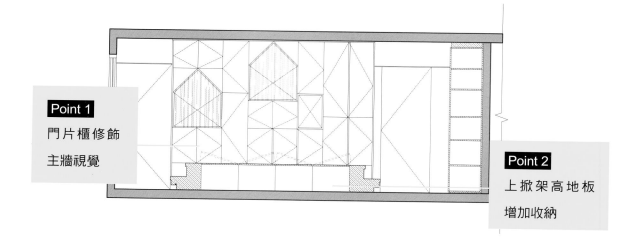

**Point 1**
門片櫃修飾
主牆視覺

**Point 2**
上掀架高地板
增加收納

## 1 門片櫃修飾主牆視覺

一片牆式收納櫃設定，本就為高容量儲藏而存在，櫃體可切分三大塊，由高高低低櫥櫃組成，房屋造型櫃位成開放設計，可當展示區，其餘安裝門片。屋主多年來就有集郵習慣，收集不少郵冊，考慮郵冊大小不一，花色多樣，為免去視覺上雜亂，門片式儲藏可解決置放問題。而房屋造型和白色門片結構，面積份量十足，正好替客廳製造主視覺落點。

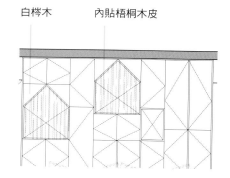

白桉木　　　　內貼梧桐木皮

上掀蓋收納
架高木地板

## 2 上掀架高地板增加收納

考慮梁柱位置，以及公共空間的彈性運用，由梁柱起算到房屋造型收納牆這段餘裕空間，設計師改造成二階型架高書房，低矮座是書桌也是客廳沙發靠牆象徵，開放設計一點也不影響公領域的視線延伸感。架高的木地板還做了上掀蓋收納，讓家又多一處儲藏區。

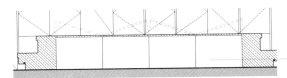

上掀收納

▲ 現在的室內設計多半將房門和櫃體隔間牆合而為一。

▲ 進門的玄關不做滿，單一立面，保留雙邊進出過道，讓動線更靈活。

# CASE 04 矮櫃、座榻雙效
# 舒適的粉色午茶時光

▲ 櫥櫃不做滿牆設計，好保留窗邊自然採光，不讓室內過於壓迫，弧線式矮櫃正好與鄰區的植栽景觀合為一體。

## 裝 修 快 訊

● 風格：休閒都會

● 搭配建材：鐵件穿孔板、
　 烤漆、文化石

● 櫥櫃主體：騰空矮櫃

● 設計：雨後設計／黃凱崙

# 核 心 概 念

電視櫃與臥房衣櫃採同質同色虛化設計，雖替整個格局切分動線與機能空間界定，可真正的主角卻在側牆。因為設計師將側牆的櫃子，一路從大門入口的高櫃，轉向低矮抽屜櫃，延伸至窗邊，規劃呈弧線蜿蜒美化牆角，連接一側的植栽景觀區，並運用粉紅色鐵件包裝修飾，型塑室內外相連想像。文化石刷白色漆，配合著粉色量體，讓客廳呈現休閒、輕鬆的舒適氣息。

靠窗邊區，恰巧緊鄰廚房，這裡可當用餐區，亦可享受悠哉午茶，值得一提的是，低矮的抽屜櫃還兼具椅子座榻功能，不怕朋友來沒地方坐。

▲ 座榻式抽屜櫃一路延伸至窗邊，特做曲線造型，和天花弧線相對稱。

### 設計小心機・鏡面踢腳板

櫃體下方懸空，貼鏡面處理，可減輕櫃體重量感，還能透過鏡面折射，增加空間寬敞性。

▲ 粉色鐵件櫃體反替空間製造輕盈感，電視牆反而不是主角。

# 設 計 重 點

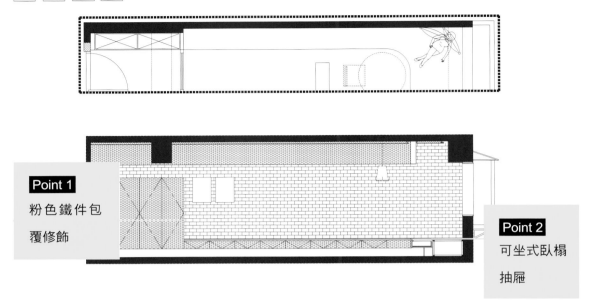

**Point 1**
粉色鐵件包
覆修飾

**Point 2**
可坐式臥榻
抽屜

## ① 粉色鐵件包覆修飾

收納櫃為 3 組高櫃與低矮抽屜櫃組
成，木作構成主體，外層再包粉紅色
金屬板，穿孔板加寬 2 cm，不僅修
飾立面效果，讓櫥櫃保持通風，還能
做足隱密性。

門片鐵件穿孔板噴漆　　　文化石刷漆

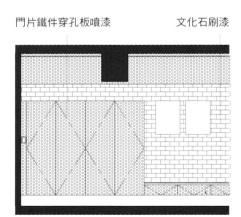

## ② 可坐式臥榻抽屜

為能和窗邊造景連成一片，同時賦予更多機能，打造午茶微型空間，矮櫃高度設定成 45 cm 符合人體工學坐下時，最舒適的高度，可兼當椅子坐榻使用，當拜訪親友人數眾多時，往窗戶延伸的矮櫃就成臨時座位區。而抽屜一拉開，又可收放日常用品。

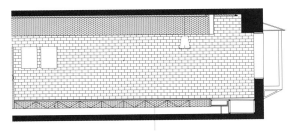

抽屜鐵件穿孔板噴漆

# 整合臥房門片、電視櫃 誕生幾何神奇密室

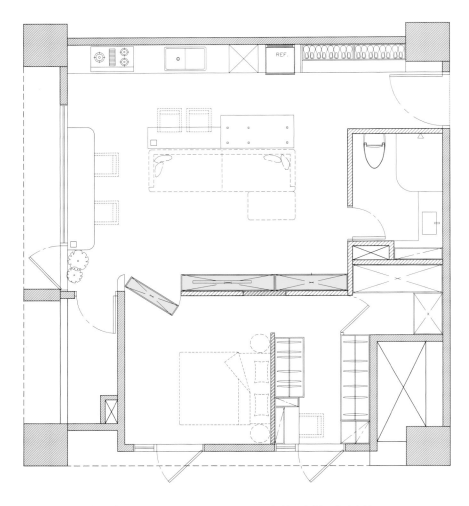

▲ 臥房的門片非傳統門片，而是改以可推動的展示櫃代替，與電視牆合併處理。

## 裝 修 快 訊

● 風格：現代幾何

● 搭配建材：木作夾板、合 成木皮、緩衝門弓器

● 櫥櫃主體：電視牆＋展示櫃

● 設計：邑田空間設計／彭羿騏

## 核 心 概 念

設計師與屋主在規劃討論室內空間時，希望能在家中打造一個不仔細觀察就無法發現的場域，得仰賴些小機關才找得到的「密室」空間，由於客廳和臥房之間的隔間牆，要用來當電視牆，或可將臥室門片與電視櫃整合，來實現密室概念。

另外，又不想讓人發覺這裡有道暗門，乾脆將臥室門片改為展示櫃，當門關上時，宛如一整面電視櫃延伸，開啟時，才赫然發現門後別有玄機。

▲ 將臥房門和電視櫃整合成一面牆。

### 設計小心機‧點綴色烤漆

主體空間以白色為主調，櫥櫃延四面牆壁設置，在每一視覺端點，利用點綴跳色，局部烤漆櫃體，可讓視覺層次更豐富。

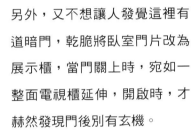

▲ 從入口往室內望去，一字型中島隱形切割客廳廚房區域，也讓主沙發有個依賴，促成回字雙動線。

設 計 重 點

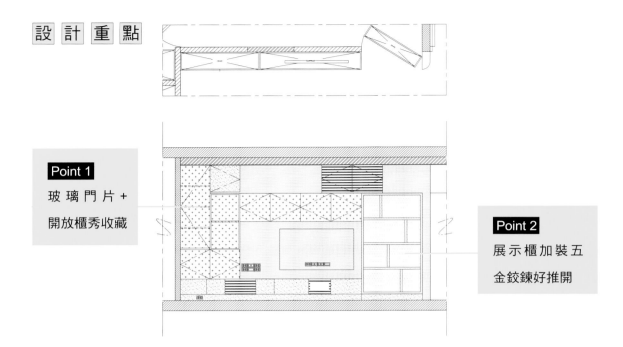

Point 1
玻璃門片+
開放櫃秀收藏

Point 2
展示櫃加裝五
金鉸鍊好推開

## 1 玻璃門片 + 開放櫃秀收藏

電視櫃設計刻意延伸超過沙發區,視覺上製造公領域寬敞感,上下方各有門片櫃和抽屜櫃收納,左側獨立展示兼儲藏空間。展示櫃部分,以開放櫃搭配玻璃門片兩種陳列設計,開放櫃層板可依需求調整層架高度,玻璃門片則能防汙減少灰塵堆積,擺放較貴重物品。而電視主機下方的抽屜,採用斜開方式取代把手開闔,讓櫃體設計線條更俐落。

6 mm 矽酸鈣板
牆面漆料處理

開放櫃

玻璃門片

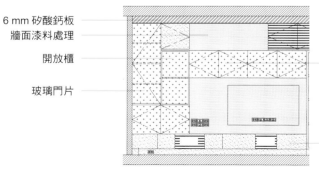

開門櫃門片下凸 1.5 cm 開

抽屜下方打斜開

## ② 展示櫃加裝五金鉸鍊好推開

臥房門改以一整落展示櫃呈現，
櫃體深度 35 cm 與電視櫃切齊，
好位於同一水平。考慮擺設物
件，這裡的層架採固定設計，門
片（展示櫃）加裝自動回歸五金
鉸鍊與緩衝門弓器，輕輕一推便
能推開，關門時也不會有大力碰
撞事件發生，有效延長櫃體使用
年限。

隱藏門 + 固定層板 + 漆料
處理（白）

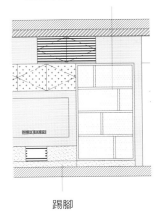

踢腳

# 以1抵3多功能櫃
# 餐桌椅、臥榻、收納全包了

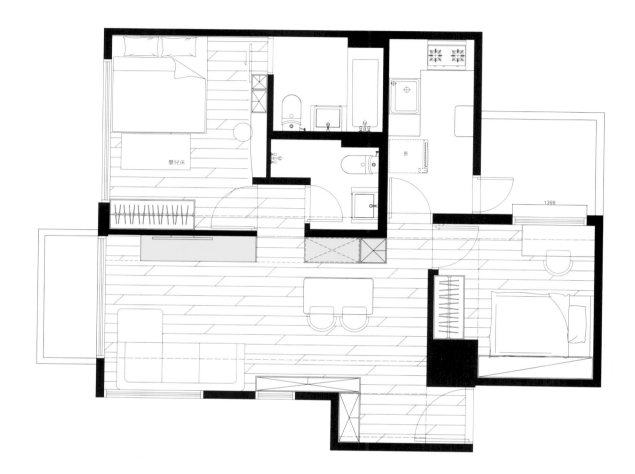

▲ 本案櫥櫃重心在餐廚區,見平面圖標色位置,客廳電視櫃選擇現成家具搭配上緣展示層架,統一使用松木合板,維持設計一致性。

## 裝 修 快 訊

● 風格:森林系童趣

● 搭配建材:塗料磁磚、保護漆、松木合板

● 櫥櫃主體:複合式櫥櫃

● 設計:寓子設計／蔡佳頤

# 核 心 概 念

家，宛如一個微型遊樂場，小朋友可以恣遊無拘束地長大。童趣是規劃核心之一，又要滿足全家的收納需求，公共空間的櫥櫃重心，一個落在沙發側邊牆面的展示櫃，另個不選電視牆位置，反而是展示櫃相對區域 — 餐廳，把電器櫃、儲藏、餐椅、臥榻等機能全濃縮在這兒了。介於客餐廳中央的走道，特意以松木合板刨製斜屋頂木作造型銜接兩處，強化家的意象。

也因為機能整合進櫥櫃規劃，這裡的空間角色也更加多元。能在這兒用餐，小朋友可在此讀書寫功課，甚至玩耍小遊戲，更是家人們小聚談天拉近彼此情感的好所在。

## 設計小心機・綠建材

有小朋友的家庭更重視安全、健康無毒環境，使用的松木合板全為獲綠建材標章認證的松木合板，木作使用無醛屋塗料，磁磚也不含甲醛。

▲ 客廳的櫥櫃位置與沙發同側，以開放展示櫃為主，考量空間動距，不做整牆規劃，好留部分空間給家具擺放。

▲ 餐廳設置多功能櫃，最上緣的木作高櫃可當展示區，擺放屋主收藏。

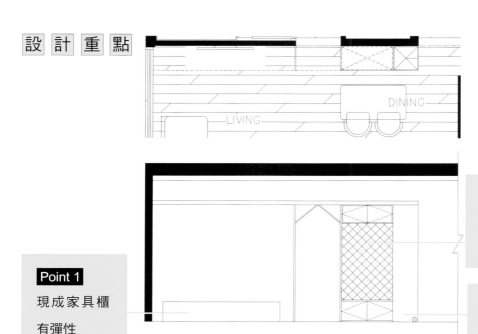

設 計 重 點

Point 1
現成家具櫃
有彈性

Point 2
背牆貼磚隔板
挖洞添趣味

Point 3
木作高櫃增加
收納空間

## ① 現成家具櫃有彈性

通往臥房的走道，用斜屋頂造型木作添加趣味性，同時扮演串連客餐廳機能角色。溫潤無毒的松木合板鋪陳牆面結構，帶來森林綠意想像。設計師讓客廳電視牆變成畫布，任由屋主自由增添喜好；電視櫃改用現成家具，使用更彈性。天花由餐廳區上緣高櫃延伸而來的層板充當展示區，放盆栽或是公仔，畫龍點睛整體氛圍。

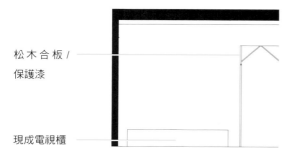

松木合板 /
保護漆

現成電視櫃

現成家具替代

## ② 背牆貼磚隔板挖洞添趣味

餐廳區的整合型櫥櫃設計緊鄰通道斜屋頂造型，單純隔板怕是少了童趣，故左側隔板挖洞做成拱門狀，小朋友可自由從這穿梭，憑空添加一趣味動線。收納櫃背牆，可簡化底板刷漆裝飾，亦可貼造型花磚，讓餐廳的複合櫥櫃名符其實成為空間主視覺。

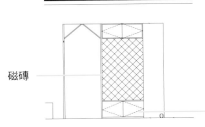

磁磚 ——

—— 木作造型收納櫃 / 松木合板 / 保護漆

## ③ 木作高櫃增加收納空間

原本的多功能櫃，將收納規劃在上下門片櫃，因下緣收納櫃體兼當餐椅，深度得夠，抓在 500 mm 深，好供人舒適屈膝而坐。但櫃體側邊若直接封板，倒顯得有些浪費空間，巧妙利用這裡的深度改造成開放式電器櫃，上下門片處理，中間開放層架，一可當展示，二則可作為廚房收納延伸。

木作高櫃

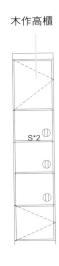

S*2

# 開放式格柵實木展示櫃
# 預約日系簡單生活

▲ 利用臥室隔間牆打造展示櫃連帶將房門入口隱形。

## 設計小心機・軸心偏右

客廳家具改變座位方向，重心靠左，後方又有落地窗陽台，故櫥櫃位置往右偏，平衡空間軸心，也保留既有的好窗光。

## 裝 修 快 訊

● 風格：日系簡約風

● 搭配建材：實木木板

● 櫥櫃主體：頂天展示櫃

● 設計：樂創設計／樂創設計團隊

## 核 心 概 念

客廳後方一大片運用格柵和實木打
造的展示櫃，擺放著屋主一家生活
點滴。房門則直接隱形於展示櫃
中，設計師在櫃體深度取巧，隱藏
門念及門後空間，深度較兩側櫃體
略淺，連帶擺設以小尺寸物品如照
片等為主。設計雖然簡約，因填入
家的溫度，倒別有滋味。

▲ 該公共空間屬狹長型，利用家具來界定場域機能。

## 設 計 重 點

書架木作書櫃 / 紐松實木　　　木作隱藏門 / 紐松實木

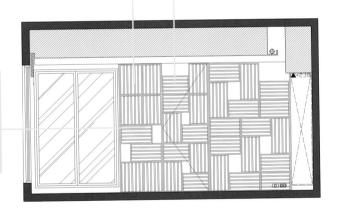

Point 1
幾何實木格
柵組合嬌點

## ① 幾何實木格柵組合嬌點

開放式展示櫃由高低錯落的實木與格柵打
造，縱使中間臥室隱藏門（兼展示櫃）深度
不一，可選擇同樣的紐松實木與設計手法，
藉由外觀一致性達到視覺平衡。

# CASE 08 立體方塊堆疊展示書櫃
# 狹長廊道風景更多變

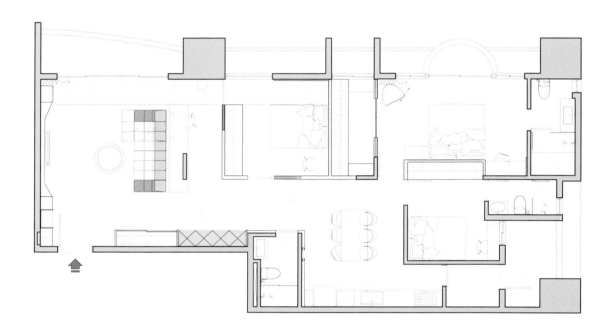

▲ 運用各種櫃體組合，如層架、書櫃、門片收納櫃與電視牆櫃等，豐富空間立面表情，同時藉櫃體面積平衡客廳空間先天比例不均問題。

**設計小心機・天花菱格線**

廊道凸出的方塊造型書櫃線條，和天花板菱格線相對應，營造天、壁線條立體感，也讓書櫃設計得以延伸，擴大整體效益。

## 裝 修 快 訊

● 風格：現代簡約風

● 搭配建材：萬用塗裝板、油漆噴漆、BLUM 鉸鍊

● 櫥櫃主體：開放式展示書櫃

● 設計：禾光設計／鄭樺、羅孝立

## 核 心 概 念

先天狹長格局，臥房區又在最後頭，導致廊道冗長，為解決通道動線的單調乏味，可運用櫃體來弱化隔間注意力。以書櫃收納為出發，將書架區設定在好拿取的高度，並以方塊櫃體轉向，利用角度堆疊出立體錯落樣貌，無論站在哪個方向，都能欣賞到書櫃置物展示美感。

▶ 櫃體的變形設計可加深廊道豐富度。

## 設 計 重 點

開放式書櫃 / 萬用塗裝板

收納櫃 / 面貼木皮
雪花家榆多層鋼刷

矮櫃 / 萬用塗裝板

**Point 1**
滿足 3 種
收納機能

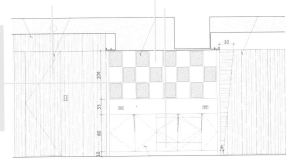

## ① 滿足 3 種收納機能

櫃體選用萬用塗裝板噴漆純白處理，整體呈現乾淨俐落感，收納機能則一次囊括上方的書櫃展示，中段開放式平台兼具收納，下方加裝門片櫃，雜物可隱藏收納於此。除此，書櫃立體交錯，讓端景角度多樣化，而下方的矮櫃門片局部斜切開口，可當作取手。

# CASE 09 是遊戲間也是書房
# 座榻高櫃整合全家的甜蜜基地

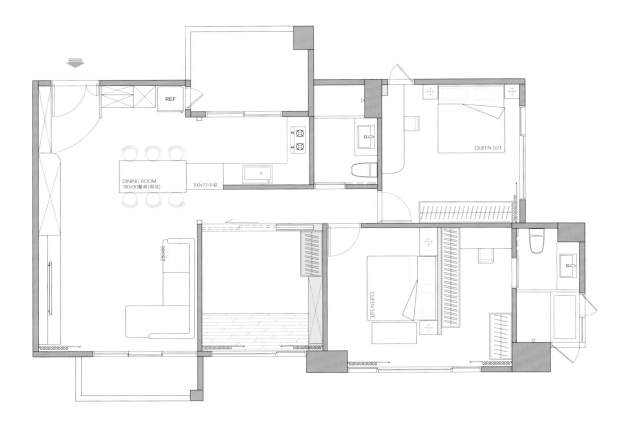

▲ 將原格局隔間牆的門洞拉大打開，改作側拉門，讓多功能室空間可和其他機能空間產生連動性。

## 設計小心機・拉門內收

將原有隔間門洞打大，規劃 2 片式拉門，可直接收進牆裡，打造開放式空間效果，可與廚房空間起連動作用。

## 裝 修 快 訊

● 風格：北歐風

● 搭配建材：超耐磨地板、木作

● 櫥櫃主體：多功能書櫃＋高櫃

● 設計：知域設計＆一己空間制作／劉啟全、陳韻如、方人凱

## 核 心 概 念

為讓一家三口有舒心互動的場域，同時為讓剛出生的小寶貝有遊戲的地方，夫妻兩人也能邊照顧孩子邊享受悠閒時光，特把客廳後方的空間設計成複合機能書房，把收納全集中在側邊高櫃與三層櫃，窗邊座榻也留有抽屜櫃，機能滿滿。

▲ 平時可將折門收起，女主人邊在廚房料理，可邊看顧在多功能室的寶貝。

## 設 計 重 點

門片斜角　系統櫃

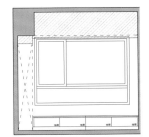

Point 1
斜角門片修飾收納

## 1 斜角門片修飾收納

因女屋主有使用整理箱習慣，放置娃兒的小玩具，為方便拿取整理，特做開放式櫃，另搭配斜角造型門片添加趣味，而且門片切斜角，還可充當取手用。放不下整理箱或想隱藏的物件，則可放進高櫃或矮座門片櫃內。

# 開放式收納鞋房取代玄關櫃
## 好收好放機能應有盡有

**CASE 10**

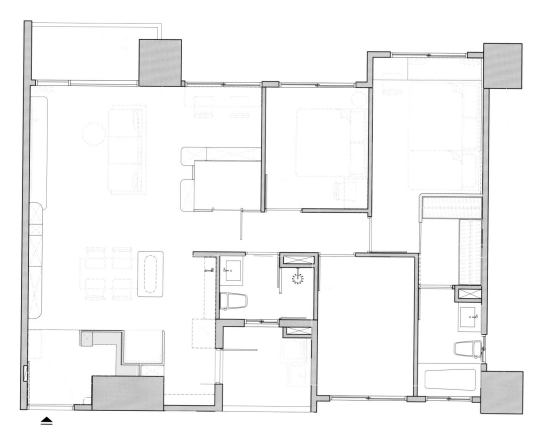

▲ 半開放型的玄關鞋房，滿足屋主夫妻的收納需求。

**設計小心機・活動層板**

因有擺放大量鞋子、包袋需求，收納的層架可做活動式設計，依收藏物件高度調整。

## 裝 修 快 訊

● 風格：北歐風

● 搭配建材：線板、木作、系統櫃、地磚、噴漆

● 櫥櫃主體：玄關鞋房

● 設計：知域設計 & 一己空間制作／劉啟全、陳韻如、方人凱

# 核 心 概 念

考量屋主夫妻需求，只有兩人世界與剛出不久的小寶貝，並不想在室內有那麼多道門要開開關關，免得麻煩，且要能放有嬰兒車的空間，最後討論在入口處規劃開放型收納鞋房，利用線板、洞洞板與鐵件展示架，做出多種收納表現，而它正好與餐廳相鄰，鞋房背後作為冰箱電器櫃，讓多種櫃體俐落整合。

▲ 玄關鞋房開放設計，可擺放得下穿鞋椅，側牆懸掛明鏡，可整理外出時的儀貌。

# 設 計 重 點

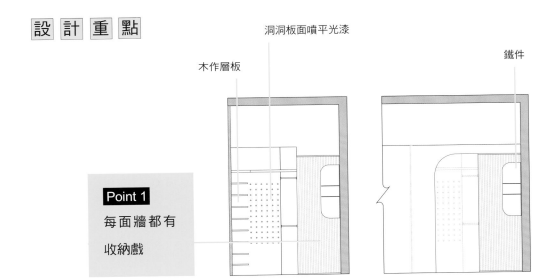

木作層板
洞洞板面噴平光漆
鐵件

**Point 1**
每面牆都有收納戲

## 1 每面牆都有收納戲

開放型玄關鞋房，每面牆各做不同收納處理，有層板區可放外出包包、鞋子，汙衣懸掛桿，以及門片櫃收放不想讓人看到的物件。

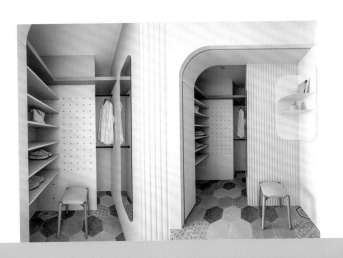

# CASE 11 夾層遊戲小基地
# 收納櫃、書桌在一起了

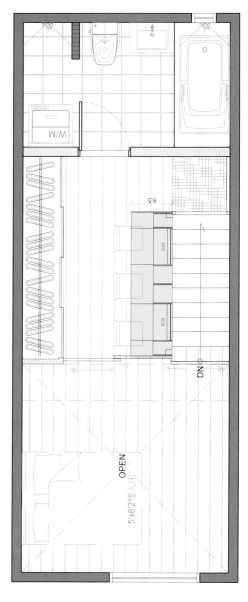

◀ 利用夾層空間打造孩童的遊憩小天地，兼規畫收納和書桌機能。

## 裝 修 快 訊

● 風格：動森自然風

● 搭配建材：松木合板、漆面

● 櫥櫃主體：收納櫃＋書桌

● 設計：晟角制作設計／林昌毅

# 核 心 概 念

本案屬於傳統日式矮屋結構，因位於連排房屋的中央位置，房子兩側光源幾乎被遮蔽，同時為讓空間能充分運用，二樓臥室區新增夾層空間，一來利用透明玻璃與天井讓採光穿透入內，二則在夾層設計收納展示與書桌區，小孩們可在此盡情自由玩耍，也能在這兒溫習功課。

▲ 臥室旁新增夾層空間，可當孩童的遊戲讀書區，也能兼做收納用途。

### 設計小心機・透明玻璃

透明玻璃穿透性高，可讓本就自然光源較吃虧的空間，維持一定採光。夾層兼做孩童遊戲讀書區，利用玻璃來分隔櫃體，又能起到安全作用，避免小朋友跌落。

▲ 孩童溫書區隔壁就是臥房，臥房門刻意挖鑿兩造型孔，可觀察小朋友活動狀況。

# 設 計 重 點

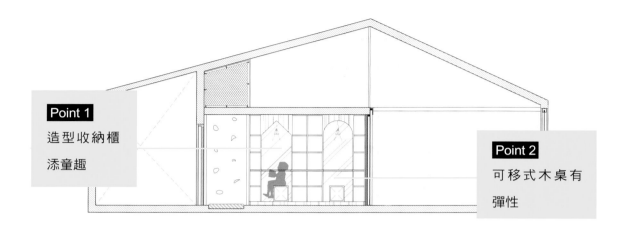

**Point 1**
造型收納櫃
添童趣

**Point 2**
可移式木桌有
彈性

## ① 造型收納櫃添童趣

利用二樓臥室旁新增加的夾層，打造類隔間牆角色的收納展示櫃兼書桌，收納櫃的開放式設計與透明玻璃隔層，正好能讓自然採光灑入，小朋友讀書寫字，不至於過於昏暗，又能讓使用者可俯瞰下層。設計師更替小小空間添點童趣變化，特地將展示櫃兩側做出圓拱和山丘造型，配合透明玻璃，宛如景觀窗。

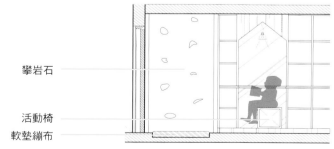

攀岩石

活動椅
軟墊繡布

## ② 可移式木桌有彈性

展示櫃與書桌合併，設計師為此保留使用上的彈性。書桌採用移動式木桌，可等小朋友長大不在這兒做功課時，可以移走，另外書桌也多加開孔，若要使用電源線，可更加便利。

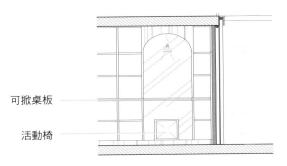

可掀桌板

活動椅

▲ 二樓夾層為安全性與隔間的穿透感，部分綁上麻繩結與玻璃分隔。

# CASE 12 住家收納極大化
# 複合櫃體滿足餐、廚、遊戲室

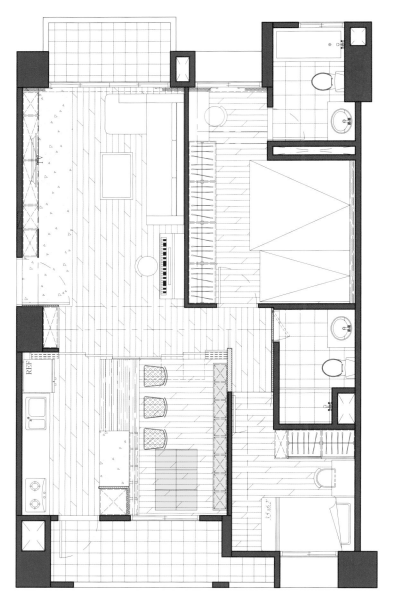

◀是全家用餐所在,也是大人的廚房,更是小朋友的遊戲天地,一個區域滿足多種空間訴求,全靠複合式櫥櫃設計。

## 裝 修 快 訊

● 風格:現代木質調
● 櫥櫃主體:複合收納櫃
● 搭配建材:實木木皮、烤漆鐵件
● 設計:樂創設計/樂創設計團隊

# 核 心 概 念

屋主要求有大量儲放空間，又要餐廳廚房，還指名孩童遊戲間，要在有限空間塞那麼多機能，得運用隔間處理與複合式櫃體來滿足多元空間需求。

中島結合餐桌，旁邊架高地板高度可當餐椅，又能利用墊高空間當儲藏間，架高地板區又是小朋友遊戲室，靠牆位置則加強收納設計，佐拉門隔間法，來替室內爭取複合型空間配套。

▲ 廚房、餐廳與兒童遊戲室，全靠隔間與櫥櫃規劃，整合在一起了，同時運用拉門來阻隔廚房油煙。

## 設計小心機・玻璃拉門

玻璃具有穿透性，扮演隔間角色時，空間不顯得壓迫，而拉門式設計正好可協助界定空間，封閉或開放，讓餐廚區獨立或與客廳合一。

▲ 將餐廚房與兒童遊戲間全整合在同一區域，和客廳僅透過摺疊拉門來區隔。

# 設 計 重 點

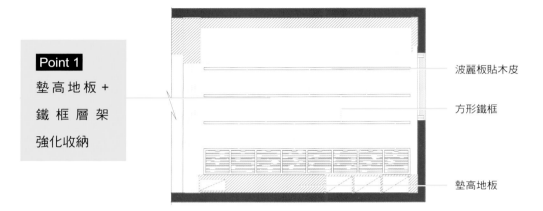

**Point 1**
墊 高 地 板 +
鐵 框 層 架
強化收納

波麗板貼木皮

方形鐵框

墊高地板

## ① 墊高地板 + 鐵框層架強化收納

空間可以橫向發展也能深度展開,利用墊高木地板空間儲存物品,也能兼當遊戲室,靠牆處做整面櫃,但考慮視覺舒適度,不整個封閉處理,而是下層門片櫃搭配木作層架,再度提升屋主想要的收納功能。另外,展示層架以鐵框加強耐重力,讓層架更穩固耐用。

## 設計小心機・洞洞板

近幾年頗為流行的洞洞板，最常拿來當隔間修飾板材，甚至兼做收納置物用途，可釘掛在壁面梁柱，利用掛勾或大頭釘自由調整位置，擺放物品。

不過要留意洞洞板的承重力並非像其他櫥櫃結構，建議吊掛小型飾品或生活用品。

▲ 玻璃拉門的透光性佳，即使全關上，餐廚空間的採光仍足。

▲ 架高木地板，高度正好可供屈膝而坐，整個地板與中島連成一氣。

▲ 中島的對面，就是廚房料理區，一邊是大人烹飪料理，另一頭是小孩寫作業遊戲區，設計師將空間機能整合，讓這裡的情感社交顯得格外熱絡。

# CASE 13 櫥櫃整牆設計
# 像走進藝廊般優雅

▲ 餐邊櫃與廚房的櫥櫃設計沿牆壁規劃，滿足屋主的收納需求。

---

## 設計小心機・熱修復美耐板

熱修復美耐板，當表面有些微刮損，可用熱壓來回復表層損傷。

## 裝 修 快 訊

● 風格：現代風

● 搭配建材：木作、抗指紋熱修復美耐板、壁布、義大利進口緩衝五金、氟酸茶鏡

● 櫥櫃主體：櫥櫃＋餐邊櫃

● 設計：知域設計＆一己空間制作／劉啟全、陳韻如、方人凱

# 核 心 概 念

輕熟齡的屋主夫婦表達希望有簡單舒
適的居住環境，自己有不少小物件需
要收納隱藏，所以整體公共空間採深
木色與灰白色為主調，締造藝廊空間
般氛圍。櫥櫃規劃則靠牆配置，從廚
房中島區延伸至餐廳的餐邊櫃位置。
部分櫃體高度較高且深度足夠可多安
排小內抽，讓屋主擺放。

▲ 公共空間並未嚴格區分客餐廳，全仰仗家具擺設界定。

# 設 計 重 點

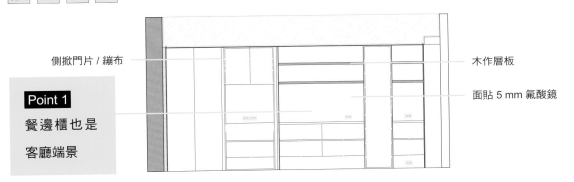

側掀門片 / 繃布

**Point 1**
餐邊櫃也是
客廳端景

木作層板

面貼 5 mm 氟酸鏡

## ① 餐邊櫃也是客廳端景

整牆式的櫃體，中間餐邊櫃搭配左右兩側高
櫃，使用輕奢材質好比繃布、氟酸鏡等，打造
高雅質感，前方恰好坐落客廳沙發正可形成
一處端景牆。而靠廚房內側的高櫃加裝側先門
片，可依需求開闔。

# 小坪數收納
# 從壁面橫向發展到地坪縱向

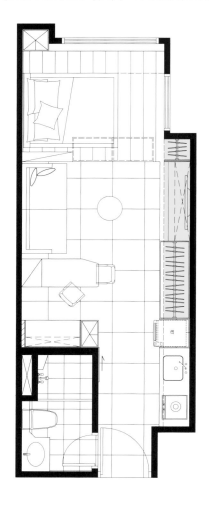

◀小套房的收納往往
沿牆走，若挑高足
夠，可適度利用架
高設計來增加收納
空間。

---

**設計小心機・顏色動線**

空間色系選擇同一調性，可讓
小坪數免去過多設計組成的壓
迫感。適度利用跳色或柔和
色，如鮮明黃色於櫃體，能起
到引導視覺動線作用。

**裝 修 快 訊**

● 風格：現代簡約

● 搭配建材：木作噴漆、玻璃、超耐磨木地板

● 櫥櫃主體：一體成形電視牆＋更衣收納櫃

● 設計：寓子設計／蔡佳頤

# 核心概念

麻雀雖小五臟俱全的小坪數套房，最重要的是要有足夠收納，卻不能有過多人工設計干擾，頗建議沿著梁下空間和壁面來發展收納機能，盡量不動到原格局寬敞區域，使用的材質與用色也盡量選視覺有輕量感為佳。從入口處開始，收納櫃、電視櫃、更衣櫃等櫥櫃設計，一氣呵成串連動線延伸至床鋪。另外在臥床位置，利用架高地板，規劃四格抽屜櫃，增加收納。

▲ 小空間想擁有更多儲物可能，相當建議架高地板另作收納櫃。設計師利用超耐磨地板板材墊高處理，不僅多了儲藏，還能和迷你客廳電視牆有空間區隔。

# 設計重點

木作抽屜 / 噴漆處理

木作架高地板　　系統櫃層板　　木作造型矮櫃 / 噴漆處理

**Point 1**
小坪數連動
式收納

系統板

## 1 小坪數連動式收納

收納全靠牆處理，且連動規劃，一體成形，忌諱東一塊，西一落，這樣不只能增加收納面積，還可除去小坪數空間封閉感。櫃體可門片櫃與開放展示架穿插搭配，諸如電視櫃以系統櫃層板隔出座落位置，電視機採壁掛，下方安排抽屜櫃與側邊床鋪架高地板同高。該設計還有一亮點，在於電視櫃側邊凹口，是屋主寵物犬的小窩，內部包覆玻璃材質，可避免髒污被板材吸附。

# CASE 15 斜角櫃立體分割
# 活化客廳空間焦點

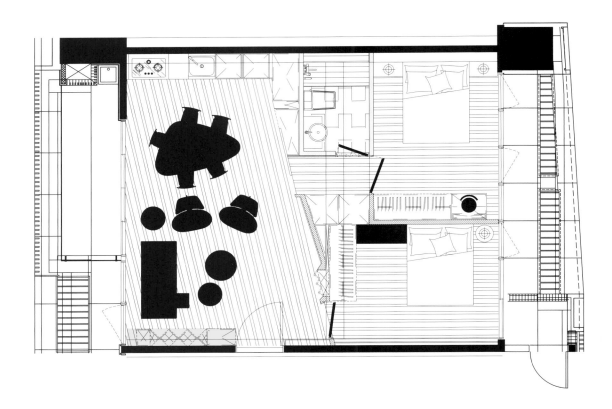

▲ 利用不規則邊的斜角櫃弱化對小坪數格局的注意力。

**設計小心機・黑色漆冷烤**

儲物櫃深色漆面處理,加上多
角造型,可營造視覺流動感,
搭配實木彰顯都會雅宅的時尚
品味。

## 裝 修 快 訊

● 風格:都會現代風

● 搭配建材:木作、黑色漆冷烤

● 櫥櫃主體:斜角櫃整合儲藏室

● 設計:謐空間/謐空間設計團隊

## 核 心 概 念

小坪數常因既有隔間邊角過於生
硬,導致室內格局狹小,若用傳統
垂直水平的平面劃分法來重配置空
間,怕發揮有限,因此設計師選擇
以多邊的斜角櫃來消除隔間生硬
感,同時一口氣串連客廳、餐廳、
臥室機能。

▶ 儲物櫃立體斜角造型,不管站在哪個角度,都
　能看到架上陳列。

## 設 計 重 點

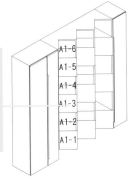

Point 1
用造型劃分
空間界線

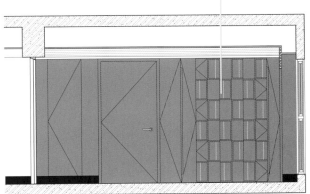

木作黑色漆冷烤

A1-6
A1-5
A1-4
A1-3
A1-2
A1-1

### ① 用造型劃分空間界線

沿壁面誕生的儲物櫃,位於客廳與臥室之
間,透過櫃體多角分割造型,以實木搭配
黑色漆冷烤,製造小坪數主視覺焦點。設
計師將斜角牆背後的產生的畸零空間整合
成儲藏室,彌補小坪數收納不足的缺陷。

**CASE 16**

# 木紋鐵件調和餐酒展示櫃
# 是用餐區也是臨時書房

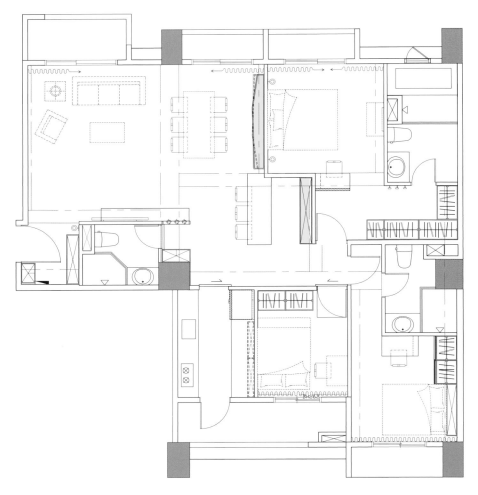

▲ 復古工業格調下，透過櫥櫃整合吧台餐廳，與客廳形成完美開放空間，而櫥櫃的設計元素沖淡制式空間想像，反賦予該場域更多角色可能。

## 裝 修 快 訊

● 風格：復古工業風

● 搭配建材：鐵件、系統櫃、木作

● 櫥櫃主體：餐酒櫃、展示櫃

● 設計：羽筑設計／羽筑設計團隊

# 核心概念

仿舊木頭紋理、刷白的木紋地板，其深淺色澤層次與復古六角磚，連同烤漆鐵件，醞釀一股懷舊工業氛圍。客廳電視牆以造型取勝，不安排過多櫃體，半裸紅磚牆貼近工業風情，插座管線明管處理，沒有多餘抽屜櫃， 好收納視聽設備， 純層架擺設陳列。

公共空間收納集中客廳側邊的餐廳吧台區，沿著壁面設置，這裡的櫥櫃設計不帶隔間功能，卻肩負美型展示重任。除了吧台後側餐酒櫃用意明顯，餐廳牆櫃「語意錯誤」，既像餐具櫃，又像收藏儲物櫃，也因牆櫃美麗外觀，讓餐廳同步扮演工作書房。

## 設計小心機・六角磚

吧台整身貼深色復古六角磚與風格相呼應外，還能幫襯位在同一水平線上的展示櫃，獲得視覺喘息。

▲ 公共空間主要櫥櫃安排在餐廳區壁面，因櫃體造型，活化餐廳空間機能，能當用餐區，也可是屋主微型辦公閱讀區，說是小書房也不為過。

▲ 公共空間的櫥櫃收納沿壁面配置，利用相同元素帶出整體感。另外，展示櫃直線銜接吧台切齊水平，無形讓餐廳區空間更具一致性。

# 設 計 重 點

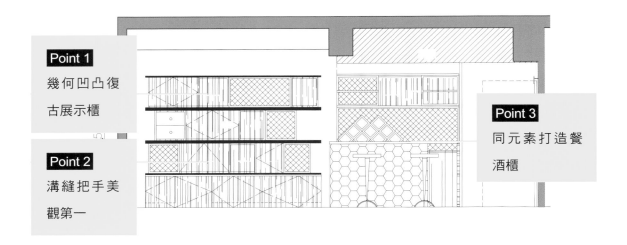

**Point 1**
幾何凹凸復古展示櫃

**Point 2**
溝縫把手美觀第一

**Point 3**
同元素打造餐酒櫃

## ① 幾何凹凸復古展示櫃

展示櫃主體以系統櫃打造桶身，開放櫃和門片櫃呈幾何錯落狀，每格櫃子寬度不一，刻意有凹有凸，部分背板換上烤漆鐵件格稜網，強調老時光與新時代的相互衝擊，門片也刻意做仿舊處理，宛若留下歲月痕跡，完美呈現復古工業風。

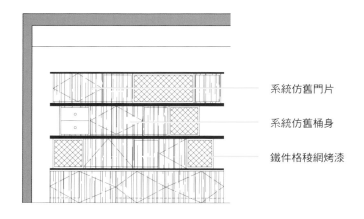

系統仿舊門片

系統仿舊桶身

鐵件格稜網烤漆

## ② 溝縫把手美觀第一

利用系統仿舊門片打造有門扇的展示櫃，可做為藏書用途，因書本高度不一，裝幀各有所長，排列多了，難免雜亂，門片正好隱藏修飾，除此不另做把手，單用門板上緣溝縫充當開闔機能，如此可維持櫃面造型整潔，美觀至上。

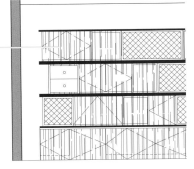

系統仿舊門片

## ③ 同元素打造餐酒櫃

從展示櫃壁面延伸水平打造吧台，後側緊靠臥房區的隔間牆，自然成了餐酒櫃好所在，以視覺來說，兩者區塊連接，設計上以一致性為優先，扣除吧台深色復古六角磚，餐酒櫃使用的材質元素貼近展示櫃，紅酒架木作貼皮，鐵件修飾壁面，吊櫃延伸相同的展示收納櫃設計，回扣工業風主題。

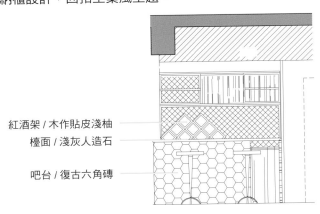

紅酒架 / 木作貼皮淺柚
檯面 / 淺灰人造石
吧台 / 復古六角磚

▲ 紅磚、鐵管、層架與天花梁柱木作修飾，客廳電視牆以造型取勝，機能其次。

**CASE 17** 梁下空間衍生櫥櫃
集中收放生活好方便

▲ 玄關大門進來，利用梁下空間設計櫥櫃，儲放生活日用品。

**設計小心機・鐵件**

收納櫃異材質拼接鐵件烤漆，
可讓純染黑梧桐木鋼刷實木櫃
體減輕重量感，帶出視覺不同
層次。

**裝 修 快 訊**

● 風格：現代極簡

● 搭配建材：全實木、鐵件烤漆、木板貼皮

● 櫥櫃主體：儲物櫃

● 設計：一水一木設計／謝松諺

## 核 心 概 念

玄關大門進來左右兩側均設置櫥櫃，右邊對應餐廳空間，兼作玄關入口轉折點，左邊巧妙運用梁下空間深度，設計儲藏展示櫃，弱化對梁柱的注意力同時，滿足小宅最在乎的收納展示功能，而櫃體寬度正好和隔間牆垂直對齊，完美分化空間場域。

▲ 將日常生活用品集中一區收納，客廳玄關處的櫥櫃最適合做此設計。

## 設 計 重 點

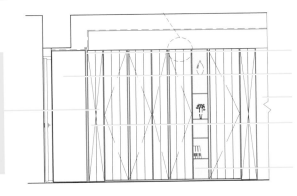

**Point 1**
異材質置物
櫃收納生活
常用品

牆面預留 2.5*2 cm 溝鏈

木作牆面 / 面封北華安 F3 白

原始牆面 / 乳膠漆面漆

木作造型牆面 / 面貼
梧桐木鋼刷實木拚 - 染黑

鐵件構件

### ① 異材質置物櫃收納生活常用品

木頭和鐵件組成展示儲藏櫃，異材質結合使櫃體輕盈不笨重，櫃子深度雖有限，但延展的寬度與內部層架安排，足夠讓屋主一家人從玄關往客廳移動過程中，將外出大衣外套、包包甚至雨傘等，依序置放，平常會用到的物品，像是吸塵器，全整合在同座櫃體。鐵件打造的開放層架，又能放擺設裝飾，一櫃多用。

# CASE 18 玻璃隔屏玄關
## 室內光源好穿透

▲ 玄關隔屏透過一些輕量、透光性強的建材，諸如鏡面、玻璃等，可提升室內採光，空間也不因多了隔屏顯得狹窄。

---

### 設計小心機・植栽

玄關櫃上下挑空，兼做展示區，不僅確保光源好穿透，如若擺放綠色植栽，點綴綠意，配合清水模、白色噴漆，無形放大室內空間視覺感。

### 裝 修 快 訊

● 風格：自然木作
● 搭配建材：實木皮、鐵件烤漆、長虹玻璃
● 櫥櫃主體：多功能玄關櫃
● 設計：一它設計／高立洋

## 核 心 概 念

為特別強調視覺和光線的穿透性，同時減少開放空間被硬生劃分風險，兼當隔屏的玄關櫃設計採用輕量概念，選擇長虹玻璃、挑空式展示處理，鐵板當主結構，色調上盡量選擇無色系如白色噴漆，來營造玄關區的輕透感，而假玻璃透光性優勢，讓玄關能有好採光，室內白天亦不受影響。

▲ 玄關櫥櫃設計採多功能化，玻璃隔屏的極佳穿透性，讓室內採光充足。

## 設 計 重 點

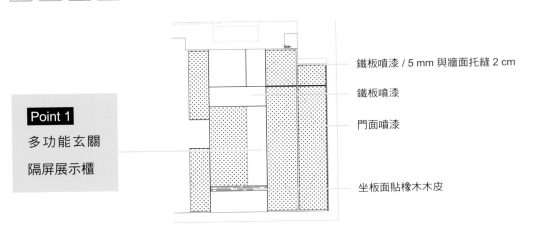

鐵板噴漆 / 5 mm 與牆面托縫 2 cm

鐵板噴漆

門面噴漆

**Point 1**
多功能玄關
隔屏展示櫃

坐板面貼橡木木皮

## ① 多功能玄關隔屏展示櫃

一打三的玄關隔屏，不僅和後方長桌有所區隔，更兼具鞋櫃、衣帽櫃、穿鞋椅與展示櫃功能，穿鞋椅後方貼長虹玻璃，面向的牆面貼明鏡，利用鏡像折射，讓玄關區不覺壓迫，更可遠離陰暗感。

# 3 種櫥櫃合體變隔屏
# 擋煞避免開門就見到餐廳

◀ 大門一進來正好面對餐廳，規劃玄關櫃巧妙遮擋，為活化櫥櫃功能，大門這面是玄關櫃，靠餐廳那面改為電器櫃。

## 設計小心機・格柵

櫥櫃門片木作格柵，保有一定隱蔽性，而鏤空效果則有助通風，作為衣帽間擺放傘具、包包，可藉以消除異味，避免潮濕發霉。

## 裝 修 快 訊

● 風格：現代極簡

● 搭配建材：木作貼皮、木作格柵噴漆

● 櫥櫃主體：複合式櫥櫃

● 設計：寓子設計／蔡佳頤

## 核 心 概 念

原始格局配置,一開門即可看到餐廳,所以在大門入口處鋪六角磚設定成小玄關廊道,在玄關和餐廳之間以頂天立地櫥櫃隔開,藉以區分彼此機能空間角色,同時讓餐廚區保有私密性。玄關櫃有如隔屏,為發揮更大功效,針對相鄰的每一機能空間,集合了鞋櫃收納、衣帽雜物間與電器櫃等三種櫃體。

▲ 運用頂天立地的櫥櫃充當隔屏,區隔開玄關、客廳與餐廚空間。

## 設 計 重 點

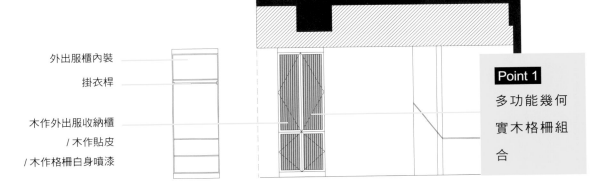

外出服櫃內裝

掛衣桿

木作外出服收納櫃
/ 木作貼皮
/ 木作格柵白身噴漆

**Point 1**
多功能幾何
實木格柵組
合

## ① 多功能幾何實木格柵組合

三面櫃每面各有不同造型,締造玄關動線,近大門的是白色鞋櫃,提供屋主一家充足收納,視線循著櫃體往左移,門片格柵,是衣帽櫃,擺放外出用品,再往後則是電器櫃,放置廚房家電。

# CASE 20　中島檯面 mix 玄關半身櫃
# U 字動線做菜聚會好方便

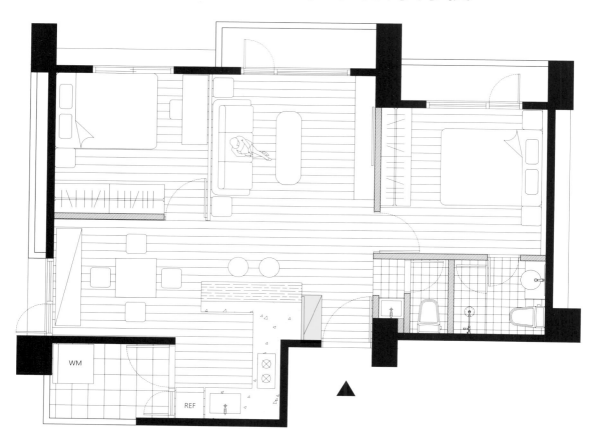

▲ 入口左側憑空生出一個半身櫃當玄關，背後延伸的空間是廚房中島檯面。

## 設計小心機‧鏤空金屬框

普普風金屬框噴白色漆，銜接
半身櫃，鏤空造型具有半穿透
遮蔽功能，同時保有好採光。

## 裝 修 快 訊

● 風格：北歐簡約

● 搭配建材：實木、橡木貼皮、花磚、金屬框、烤漆、
　人造石

● 櫥櫃主體：玄關半身櫃

● 設計：麻石設計／李宜蔓

## 核 心 概 念

有開放式廚房、要有放大空間感，
在基本的兩房兩廳宅裡，設計師藉
由原木與純白色調的北歐極簡風，
L 型櫥櫃結合中島吧台，做成 U 字
形動線，當友人到訪時，可在這兒
邊做菜邊喝咖啡聊天，吧台側邊延
伸出半身櫃嵌普普風鏤空金屬框，
一可當造景二可充當玄關櫃。

▲ 廚房ㄇ字白色人造石檯面，一側結合實木桌板，延伸成中島小吧台。

## 設 計 重 點

櫃身面貼橡木皮 / 面塗透明漆

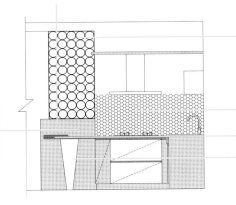

0.5 cm x 3 cm 金屬框白色烤漆處理

**Point 1**
半身玄關櫃
背藏插座

白色造型花磚 / 白色填縫劑填縫
5 cm 厚實木桌板 / 面塗透明漆
1 cm 金屬桌腳白色烤漆處理

## ① 半身玄關櫃背藏插座

大門入口左側規劃收納鞋子、外出用品的
半身櫃，可塑造成玄關。透過櫥櫃隔間作
用，處理開放式廚房，讓玄關半身櫃與廚
房櫥櫃連動一起。玄關櫃剛好成為吧台隔
屏，為提升使用效能，加裝插座，煮火鍋
或使用小型廚房家電，都相當好用。

# CASE 21

# 電視牆整合多元收納
# 一面牆全部搞定

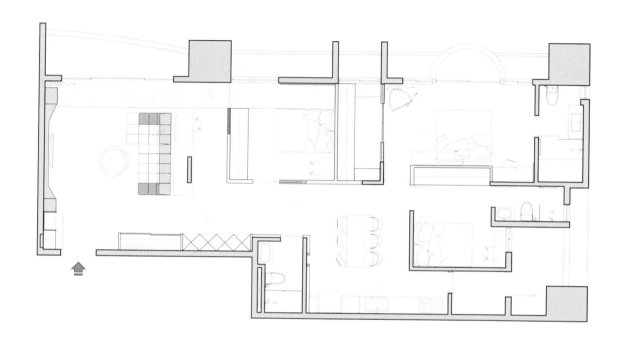

▲ 電視牆的深度僅以梁柱下空間來運作規劃。

## 裝 修 快 訊

● 風格：實木自然簡約風
● 搭配建材：木作、雪花家榆木實木皮、油漆噴漆、灰玻璃
● 櫥櫃主體：電視牆櫃
● 設計：禾光設計／鄭樺、羅孝立

## 核 心 概 念

客廳電視牆櫃採整牆式規劃，雖說天花封板造型早看不到梁柱，可電視牆櫃深度按原本梁下空間設置，特殊造型切割搭配柔和的間接光源，整個櫃體懸空打造輕盈感，淺色系實木皮更醞釀居家溫暖氛圍。將展示、設備櫃與書櫃機能全整合在一起，一面牆分區收納。

▲ 木作幾何挖空搭配間接照明，讓電視牆更有型。

## 設 計 重 點

展示櫃 / 萬用塗裝版噴漆特殊色處理

內藏間接燈共五處

櫃內玻璃層板 / 灰色強化玻璃

機櫃 / 面貼木皮雪花家榆多層鋼刷洗白處理

**Point 1**
牆 櫃 內 凹 調
整 動 距

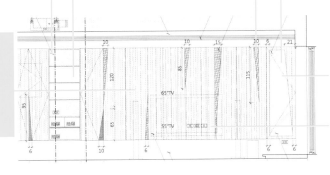

門片內崁玻璃 / 灰色強化清玻
櫃內有抽屜

電視牆面 / 面貼木皮雪花家榆
多層鋼刷洗白處理

## 1 牆櫃內凹調整動距

電視牆櫃的收納包含了視聽機器擺放的設備櫃與外衣收納的衣帽櫃，更同步隱藏修飾掉周邊線路。除此，整面牆櫃中間刻意內凹處理，好讓電視機和櫃面處在同一水平，平衡沙發到電視機間的距離。

# 收納櫃塗硅藻土吸濕氣
# 樹狀線條打造主視覺

**CASE 22**

▲ 客廳背牆櫃體造型選和電視主牆相同灰色調，確保視覺一致性。

## 設計小心機 · 硅藻土

硅藻土具有除濕除臭功能，在門片塗布處理，替一家人打造安全健康環境。

## 裝 修 快 訊

● 風格：木質人文風

● 搭配建材：硅藻土、木作仿鐵件噴漆

● 櫥櫃主體：收納櫃

● 設計：時工分設計／時工分團隊

# 核 心 概 念

原本屋主想在客廳背後多一個開放書房，可惜空間有限，只能設計轉彎改為收納櫃，擺放屋主喜愛的書籍與其他物件。同時考慮客廳整體感，收納櫃門片塗硅藻土，吸濕除臭，其灰色調呼應電視牆設計，另外運用木作仿鐵件噴漆，在門片上刻劃樹狀幾何線條，將櫥櫃實質功能隱藏起來，表面收得乾淨，替客廳美學再添一分。

▲ 客廳看似沒有太多收納空間，實則透過門片造型巧妙修飾。

# 設 計 重 點

**Point 1**
零把手一拍
就開

木作 2 分造型 / 面噴仿鐵件漆處理

門片硅藻土塗料處理

## ① 零把手一拍就開

櫃體不安裝把手避免破壞外觀，改以俗稱拍拍手的拍門器，輕輕按壓，門片自動開啟。櫃體深度僅有 35 cm，可收納書籍或一般物品。

# 圓弧線修飾硬梆梆牆角
# 收納櫃造型、機能全包了

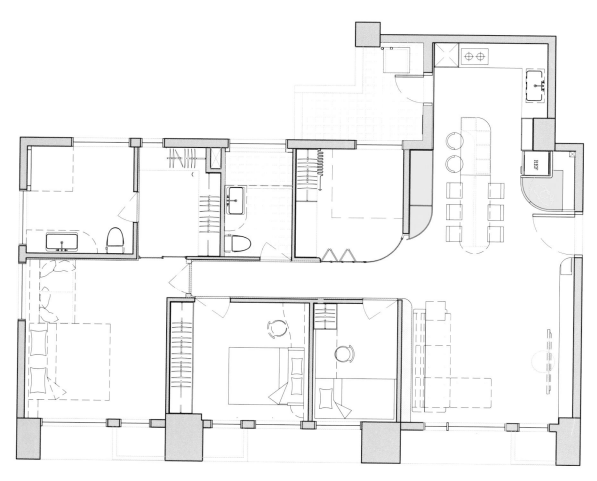

▲ 櫥櫃呈圓弧線造型，修飾四方僵硬的隔間牆。

## 裝 修 快 訊

● 風格：新古典混搭現代極
　簡風

● 搭配建材：木作、波麗板

● 櫥櫃主體：弧型收納櫃

● 設計：湜湜設計／湜湜設計團隊

# 核 心 概 念

原格局配置的走廊廊道特長，可說是貫穿整格局，臥房全散在廊道兩側，而進門的右手邊是廚房，正對的空間可援做餐廳，不過臥房的隔間牆與餐廚壁面不在同一水平線上，前者明顯凸出一塊，當人在公共空間活動時，會明顯受到隔間牆四方剛硬感。為弭除硬梆梆視覺壓迫，設計師大膽採用弧線造型，來替壁面牆角美化修飾。

包含櫃體邊角也一樣，全圓弧狀處理，餐廚區櫃體特別結合吸新古典與現代俐落風采，挑選合適建材打造，搭配低飽和溫感色彩與實木貼皮，賦予住家自然溫潤想像。

▲ 電視主牆立體壁飾對應空間牆角櫃體的圓弧收邊，頗具一番趣味，角落側邊中間規劃成展示區，安裝開關面板，亦可擺放鑰匙之類的小物件。

---

**設計小心機・磁磚弧線分界**
利用不同花色、形狀的磁磚鋪設地坪，可輔助開放空間界定機能。例如入口玄關六角磚一路切弧線延伸至廚房區，無形中締造一條動線。

▲ 不只櫥櫃採圓弧線條，連中島與嵌入的餐桌檯面也特別訂製弧狀造型。

# 設 計 重 點

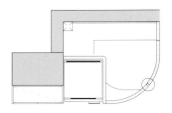

Point 1
廚房電器收
納櫃

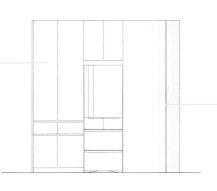

Point 2
圓弧玄關鞋櫃
內藏穿衣鏡

## ① 廚房電器收納櫃

公共空間的收納集中在餐廚區兩側，一個利用與臥房隔間
牆壁延伸櫃體，一個則和玄關櫃相連，前者上下櫃儲藏，
中間展示檯面可依需求擺設飾品或其他生活物件，後者靠
近流理台水槽，相當適合拿來做為廚房電器收納櫃。預留
好冰箱家電尺寸，整個嵌入櫥櫃裡，配合收納習慣，抽屜
櫃、門片櫃應有盡有，擴大實用機能。

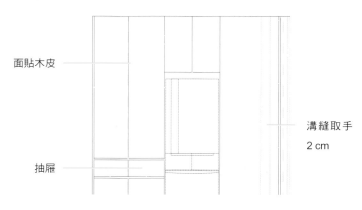

面貼木皮

溝縫取手
2 cm

抽屜

## ② 圓弧玄關鞋櫃內藏穿衣鏡

因應開門進來，廚房在右側，憑空打造玄關櫃當動線轉折點，拋物圓弧線門片打開，內藏寬廣的儲藏空間，供屋主一家擺放鞋履與外出用品，裡面還藏有一面穿衣鏡，可一邊選鞋一邊檢查穿搭造型有無不妥之處。

穿鞋凳層板 / 木皮

內凹 5 mm / 面貼明鏡

鞋櫃層板 / 波麗板

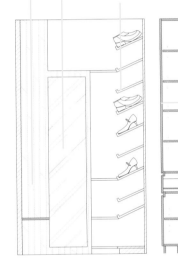

活動層板

面貼木皮

櫃內 / 波麗板

◀ 櫥櫃皆沿著壁面規劃，唯獨邊角呈現弧狀潤飾了尖銳轉角的生硬感。

# CASE 24 儲物櫃藏貓洞
# 提升玄關機能角色

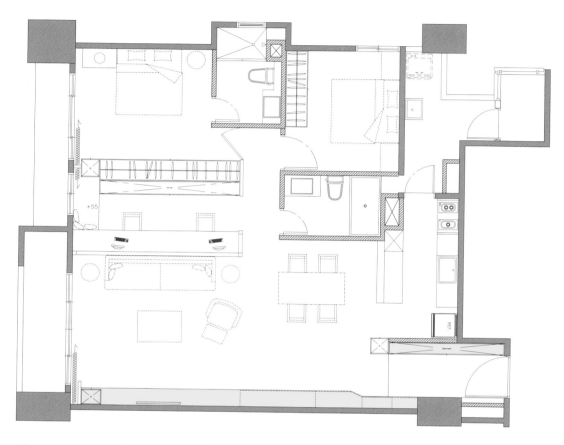

▲ 玄關兩側皆設置櫃體，一面延伸至客廳電視牆，讓櫥櫃一氣呵成。

## 設計小心機・貓洞

因為屋主有養貓，特地在與電視牆同側櫥櫃中央下方，拉出斜面設計成貓洞，櫃體深度也從貓洞開始加深，與相連的玄關櫃區隔開來。

## 裝 修 快 訊

● 風格：復古簡約
● 搭配建材：木作夾板、鋼刷木皮、基本門片、西德鉸鍊
● 櫥櫃主體：玄關半身櫃
● 設計：邑田空間設計／彭羿騏

# 核 心 概 念

玄關空間物盡其用，兩邊設置儲物櫃，把收納機能擴大再擴大，接著透過設計巧思改變櫃體活潑度。例如入口處右邊櫃體懸空安裝間接照明，左邊玄關櫃則頂天立地，沿著壁面與電視牆相連，將櫥櫃全整合在一片牆，不四處坐落避免視覺紊亂，加上由玄關起訖，無形製造一延伸動線。

玄關櫃　收納展示櫃

▲ 將櫃體全整合在同一牆面，可保有格局整潔度。

# 設 計 重 點

面貼木皮 / 漆料處理

開放式展示櫃 / 面貼木皮漆料處理

明鏡

吊衣區內置伸縮吊衣桿活動層板

檯板 12 cm / 面貼木皮漆料處理

儲物櫃 / 面貼木皮漆料處理內置活動層板

窗簾盒

**Point 1**
大面積櫥櫃
靠門板錯落
秀層次

木紋清水模
間接照明

## ① 大面積櫥櫃靠門板錯落秀層次

當櫃體全落於一面牆，且面積過大時，又深色木作貼皮，很容易引起視覺壓迫。不妨門片使用烤漆修飾，門板不同尺寸錯落，彷彿由各式幾何矩形拼組成立體積木，與清水模電視牆連接，締造視覺層次。

# 浮空木格柵櫃
# 讓電視牆收納好舒適俐落

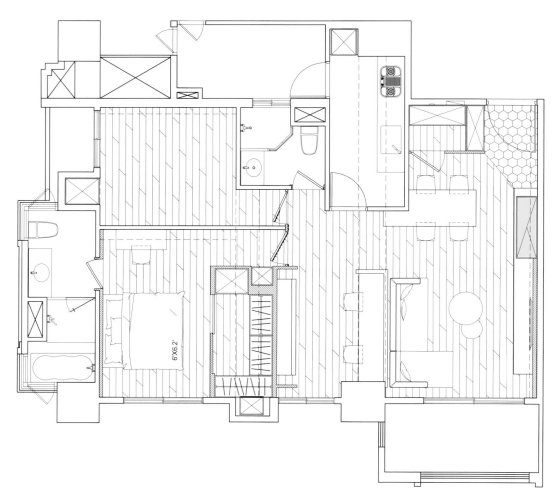

6'X6.2'

▲ 用地坪貼磚對角切線來暗示空間設定，收納隱身在各臥房與玄關入口的小房間裡，電視牆櫃訴求機能之外，泰半比例在打造主題焦點。

## 裝 修 快 訊

● 風格：日系簡約風
● 搭配建材：鐵件、系統櫃、木作

● 櫥櫃主體：電器櫃
● 設計：羽筑設計／羽筑設計團隊

# 核 心 概 念

公共空間的收納，主要隱藏在玄關旁、餐桌後方的小隔間裡，配置在電視牆側邊的櫥櫃，不頂天立地，也不拉長櫃子寬度，做成一整牆櫥櫃形式，好放好放滿，反倒微縮，偏造型考量，門扇以木格柵方式搭配電視牆木作與天花梁柱榫式，流露日系簡約風采。

55 cm 深度的櫃體，足夠擺放視聽周邊配備，把電視牆「收」得乾乾淨淨。

另外設計師不把電視牆櫃做滿，僅安排木作檯板貼橡木，和天花梁柱修飾相呼應，形成上下平行線，對稱調和若干大的公共空間。

▲ 木格柵櫃界於餐桌廊道與電視主牆之間，恰好形成動線視覺端點。

▲ 客廳未做過多櫥櫃，收納集中處理。

### 設計小心機・地坪對角線

玄關地坪刻意對角斜切延伸到展示櫃下方，串連電視牆檯板，做出空間區隔，也因流線感呈現空間趣味。

▲ 米色系搭配木作元素，讓空間格外淨雅。

## 設 計 重 點

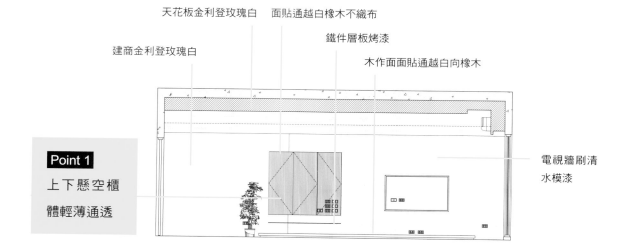

天花板金利登玫瑰白　面貼通越白橡木不織布

鐵件層板烤漆

建商金利登玫瑰白

木作面面貼通越白向橡木

**Point 1**
上下懸空櫃
體輕薄通透

電視牆刷清
水模漆

## ① 上下懸空櫃體輕薄通透

該空間收納櫃不求做滿做大，反而以美型為第一考量，介於玄關與電視牆之間，打造騰空收納櫃，下方搭配一薄博金屬板烤漆，營造量體輕盈質感，尤其門扇的木格柵處理，更顯櫥櫃的輕、薄、通、透。

▲ 從餐桌角落望向客廳，整個格局用色、元素極為簡化。

▲ 餐桌成 L 型嵌進牆壁，桌腳下增加收納雜誌空間，沙發後方切割出書桌工作區來。

# CASE 26 電視牆結合塗鴉黑板
把圖書館搬回家

▲ 狹長型客廳若單純只設計電視牆，未免枯燥乏味，因應孩子成長需求，將電視牆櫃與書牆機能二合一。

**設計小心機‧烤漆玻璃**

滑門門片選用烤漆玻璃，可隱藏電視讓外觀乾淨俐落之外，還能當小朋友的黑板，在此塗鴉遊戲。

## 裝 修 快 訊

● 風格：北歐簡約

● 搭配建材：實木木皮、烤漆玻璃、系統板

● 櫥櫃主體：電視櫃書架牆

● 設計：樂創設計／樂創設計團隊

## 核 心 概 念

狹長客廳連帶電視牆也只是一片牆壁掛電視，好像有那麼點可惜，好似可拿這兒作點文章。屋主與設計師就電視牆位置，討論其他可能。最後改造成大型書牆與展示櫃，加作拉門設計，將電視隱藏起來，有需要使用時才打開，平時則作為孩童的閱讀區。書牆（電視牆）側邊延伸成書桌，可讓女主人邊工作邊注意小朋友的活動。

▲ 拉門貼烤漆玻璃，正好成為小朋友的塗鴉牆。

## 設 計 重 點

0.5 cm 上掀書架

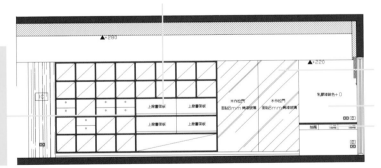

**Point 1**
掀板書
架秀孩
童畫作

木作拉門
/ 面貼 8 mm 烤漆玻璃
乳膠漆跳色
抽屜

## ① 掀板書架秀孩童畫作

參考圖書館放期刊的掀板書架概念，將電視書櫃靈活改造，大量抽屜格置放書籍玩具，上掀書架專門用來擺放小朋友的繪畫作品與童書，媲美小型展示間，書架一掀開，又是另一藏書天地。

# CASE 27 輕美式花漾餐廚
# 花磚造型、展示、收納一次滿足

▲ 中島與廚房合體，連接餐廳區，和客廳相對望，讓公共空間更完整。

## 設計小心機 · 魚鱗磚

想貼美美的魚鱗磚，邊邊角角無裁切破壞，得事先確認好圖樣排列，才可交給泥作施工，之後才能交棒木作進場製做櫥櫃桶身。

## 裝 修 快 訊

● 風格：輕美式

● 搭配建材：磁磚、木作、鍍鈦金屬、鐵件

● 櫥櫃主體：餐邊櫃

● 設計：知域設計 & 一己空間制作／劉啟全、陳韻如、方人凱

## 核 心 概 念

呼應屋主喜愛簡單清爽設計與特色磁磚，設計師在空間運用各式建材與多種花色瓷磚，讓空間立面造型活潑不失優雅。玄關與餐廳間還安排著鍍鈦質感的造型拉門與旋轉門柵，好劃分空間，收納儲藏亮點是餐廳後方的備餐檯區，讓 38 坪中古屋有新面貌。

▲ 廚房島檯區相鄰玄關位置，特用可旋轉的門柵來當隔間一部份，可轉角度配合玄關拉門，形成隱密空間，打開，又具穿透感。

## 設 計 重 點

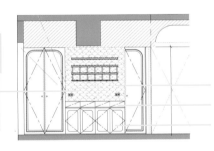

**Point 1**
輕奢備餐檯
藏主人品味

魚鱗磚
系統板
抽屜櫃內取手鍍鈦板 / 玫瑰金

### 1 輕奢備餐檯藏主人品味

因屋主有收藏杯子習慣，特針對收藏品尺寸量身訂做開放式展示架，為讓細節更別緻，同時呼應整體風格，展示層板間還鑲嵌金屬條。而整個備餐檯，上展示、中間層備餐陳設，下層門片櫃搭配兩側頂天立地高櫃，全以木工打造製做圓弧造型門片，將屋主想要的機能與風格表現淋漓盡致。

# 櫥櫃三面分化空間設定
# 玄關客餐廳串出新動線

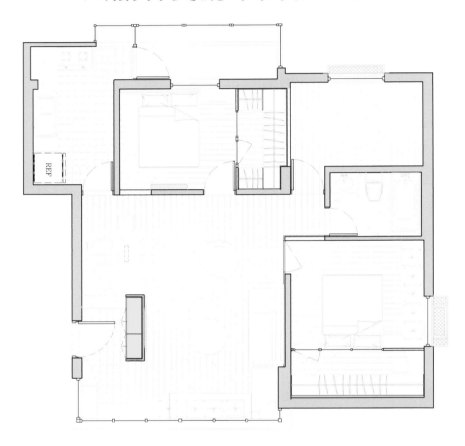

▲ 櫥櫃可以引導動線與設定空間機能，憑空誕生的玄關櫃一體兩面，背後承接電視牆功能，側面再嵌面檯面，
　形成中島餐桌。

## 設計小心機·臥榻收納櫃

大門進來 L 型靠窗邊區，半身
櫃結合長形臥榻，增加室內座
位容量，臥榻下方又可加作收
納櫃，增加儲藏功能。

## 裝 修 快 訊

● 風格：自然禪風

● 搭配建材：木皮、鉸鏈

● 櫥櫃主體：玄關電視櫃

● 設計：湜湜設計／湜湜設計團隊

## 核 心 概 念

原始格局屬一開門即見客廳，隱私
全被看光，屋主僅運用木作隔屏當
緩衝，為發揮坪效與擴大收納機
制，設計師以櫥櫃來劃分空間機
能，一個櫃體三種角色，且這樣的
櫃體尺寸容積較大媲美隔間牆。它
是玄關鞋櫃，背後則是電視牆所
在，側身延伸成餐桌中島。如此一
來，誕生玄關區域，更肩負核心要
務，切出生活動線，串聯整個公共
空間。

▲ 木作電視牆非挨著
牆設計，而是憑空
打造，用櫃體來改
變動線設定。

◀ 人造玄關側邊靠窗
區，設計臥榻收納
櫃，安裝明鏡製造
空間鏡射效果。

## 設 計 重 點

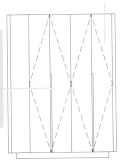

木作貼皮

Point 1
頂天立地玄
關櫃

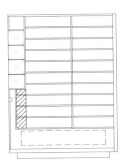

玄關鞋櫃

### ① 頂天立地玄關櫃

無中生有的玄關櫃頂天立地，深度充足，可容納 55 到 60 雙
鞋，進入客廳前的轉角處，更規劃矮櫃輔助玄關鞋櫃收納。
因另一側是餐廳，為保有採光，新做半腰身木作隔間搭配網
狀鐵件噴漆，讓玄關區不過度封閉。

# 錯格式開放書架牆
# 滿足屋主夫妻大量藏書需求

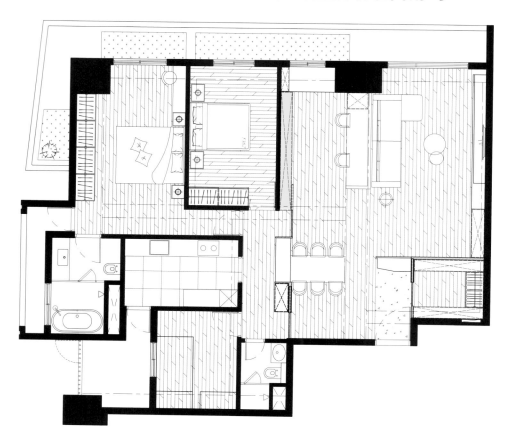

▲ 屋主夫妻是醫生，平日喜愛閱讀，擁有大量藏書，故在客廳後方設計一大面書牆，沙發背後則是書桌。閒暇時可在此閱讀，或微辦公。

### 設計小心機・隱藏門貼木皮

書牆與廚房餐廳之間正好是廊道，通往各臥室，設計師在這兒做道隱藏門，運用和書牆同一實木皮，立於同一水平線上，好融為一體，無形區分了公私領域。

## 裝 修 快 訊

● 風格：北歐簡約風
● 搭配建材：實木木皮
● 櫥櫃主體：開放式書牆
● 設計：樂創設計／樂創設計團隊

## 核 心 概 念

有鑑於喜歡閱讀的屋主夫妻二人，擁有大量藏書需求，於是在客廳後方的開放式書房，意即沙發背後規劃一整面書架牆，緊鄰的窗邊，利用空間設置臥榻，將大面積戶外窗景引入室內，讓這區小角落成了夫妻最愜意的舒適閱讀空間。而在另一側靠餐廳區櫥櫃刻意挖空，當成送菜窗口。

▲ 看似一整面櫥櫃牆設計，實則含括三主體於同一水平，由左至右為中島餐桌櫥櫃的送餐檯窗口、通往臥房的隱形滑門與客廳書櫃展示牆。

## 設 計 重 點

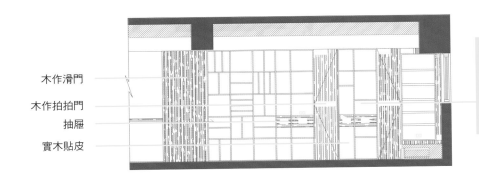

木作滑門
木作拍拍門
抽屜
實木貼皮

Point 1
多格造型開放式書架

### 1 多格造型開放式書架

因書牆寬度頗廣，層架僅簡單垂直水平，會讓書架看起來單調，所以有些收納空間（分割層板）窄、有些寬，直列與橫列方式也錯置規劃，有些加裝拍拍門片，創造實與虛的收納，櫥櫃造型層次可跟著提升，又能讓不同薄厚度、不同高矮的書籍都有置放位置。

# 懸空斜面玄關櫃
# 確保風水隱私兼引導動線

▲ 運用櫥櫃製造隔屏效果，化解風水問題。

## 裝 修 快 訊

● 風格：現代極簡

● 搭配建材：木作、塗料、
　　明鏡

● 櫥櫃主體：玄關鞋櫃

● 設計：寓子設計／蔡佳頤

# 核 心 概 念

還算方正的住宅，大門入口位在格局中央，廚房流理又緊鄰門口，沒有玄關遮擋，室內空間被一覽無遺，怕有風水問題，因此首要解決的是打造新隔屏好緩衝、保護私領域的隱私性，再來才是補強收納能。

▲ 全區域灰色調，運用黃色跳色點綴，製造視覺焦點，部分隔屏選用玻璃或櫃體騰空處理，盡量讓室內保持穿透。

在玄關處打造騰空式木作造型鞋櫃，門片呼應室內清水模現代極簡風格，刷上進口混凝土色塗料，溝縫黃色跳色處理，讓玄關櫃顯得活潑不沉悶。大門靠廚房側，直接規劃電器櫥櫃遮擋，避掉開門不見灶。兩種櫃體與另一面相鄰牆壁形成玄關轉折點，巧妙製造隱私。

## 設計小心機・高低差

玄關廚房地坪鋪地磚，客廳木地板，不只分隔開空間場域不同，藉由設計界定的玄關廊道，再微降些許地坪高低差，和廚房之間又能拉出不同地界，即便使用相同的花紋磚色。

▲ 進門處可見一鞋櫃騰空當玄關隔屏，門片黃色幾何線條修飾，留意地坪還做幾何造型的高低差，以示空間區域屬性不同。

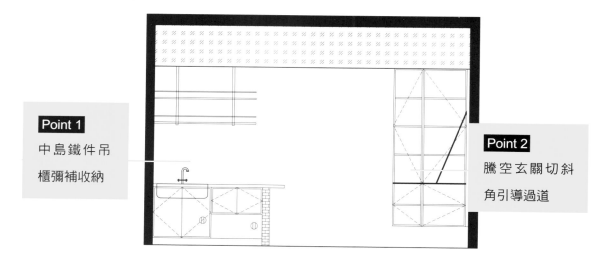

**Point 1**
中島鐵件吊
櫃彌補收納

**Point 2**
騰空玄關切斜
角引導過道

## ① 中島鐵件吊櫃彌補收納

餐廳廚房地坪與中島櫃身選用同一磚色，可強化一致性與延伸感，利用系統櫃自流
理台展延成小型中島，下方櫥櫃滿足日用品收納需求，面上方從天花吊掛鐵件吊
櫃，並結合燈條好營造氣氛兼具照明功用。吊櫃更特別漆黃色烘托焦點，這裡還可
供屋主擺設小型物品，諸如杯杯盤盤或調味罐等。

鐵件吊櫃（led 燈條 + 掛勾）

系統櫃 / 白橡年輪

疊磚

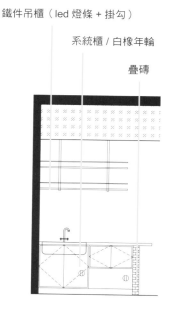

## ② 騰空玄關切斜角引導過道

玄關櫃刻意切角設計，除了造型，還可透過門片斜面角度讓出過道空間，櫃子懸空還有一好處是減少採光被阻斷，底下亦可擺放室內拖鞋。至於玄關鞋櫃內部，靠牆面內嵌穿衣鏡，推拉門設計方便開關，出門前迅速整理儀容。

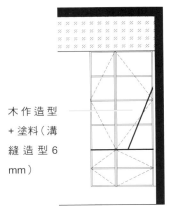

木作造型
＋塗料（溝
縫造型 6
mm）

▲ 隔間半透明玻璃半隔間混凝土塗料，不只是減少壓迫感，還能讓室內採光不受影響。加上跳色造型電視櫃，與異材質隔間牆拼接採不規則線條切割，格局整個活潑不少。

# CASE 31 漂浮斜角鞋櫃
# 改變玄關深度與隱私

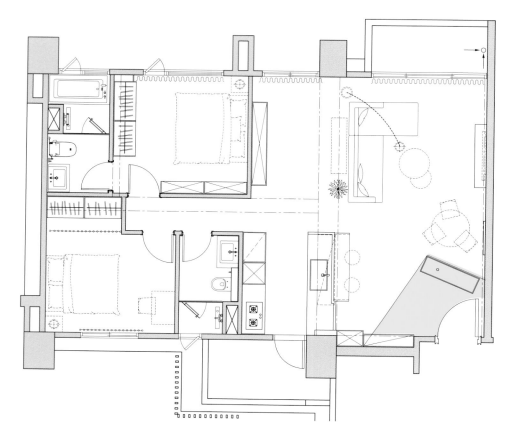

▲ 玄關櫃可解決穿堂煞，但有時玄關深度不足，得靠設計來解決，只稍櫃體轉個角度即可達成。

## 設計小心機・鐵管支撐力

玄關櫃上下懸空，有助光線穿透，而為能騰空且不靠牆，有賴鐵管強化櫃體的支撐載重，除此，鐵管元素還可和天花黑管線燈相呼應。

## 裝 修 快 訊

● 風格：現代自然

● 搭配建材：鐵件、系統板

● 櫥櫃主體：玄關鞋櫃

● 設計：羽筑設計／羽筑設計團隊

# 核 心 概 念

偌大公共空間沒有隔屏玄關，開門有穿堂煞疑慮，但加做玄關，空間深度不足，故將櫃體上下騰空轉個方向，來改變格局動線，相對玄關位置不成正統矩形，而是帶點梯字斜切角度，另一側牆壁設計造型掛勾，方便屋主懸掛外出大衣或包件，與側邊壁面的展示收納櫃，圍成玄關，為進出提供轉折。

玄關鞋櫃 / 收納 1

展示櫃 / 收納 2

▲ 誰說玄關隔屏一定要中規中矩，轉個角度，替室內切割有趣動線來。

# 設 計 重 點

鐵管烤漆

側板上凸 3 cm

系統板水泥紋

**Point 1**
鞋櫃斜放當
各區域隔屏

系統板水泥紋

側板下凸 3 cm

## ① 鞋櫃斜放當各區域隔屏

玄關鞋櫃櫃門採兩扇對開與右開設定，訂製半圓形門把恰好迎合現代風設計調性，寬 50 cm、深 40 cm 的收納空間可擺放 36 雙鞋，滿足屋主收放鞋履需求。櫃體斜角規劃也促成絕佳隔屏，以一劃三還給客廳隱密性，區隔開吧廚房，鞋櫃後方還能生出彈性小空間。

▲ 玄關鞋櫃背後，正好是客廳，有一小空間可挪當多功能休閒區用。

# CASE 32 鏤空、斜線變化櫃體造型
## 10 坪客廳空間變大了

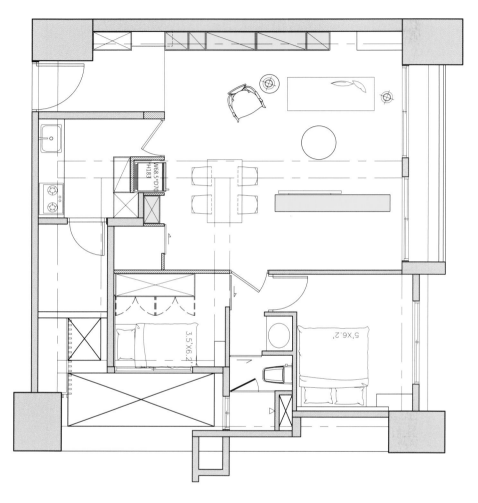

▲ 客廳電視櫃不靠牆，反而往空間中央靠，藉由鐵件鏤空斜切造型，保留視野穿透感，同時製造話題。

## 裝 修 快 訊

● 風格：現代摩登風　　　　　電視櫃

● 搭配建材：鐵件、系統板　　● 設計：羽筑設計／羽筑設計團隊

● 櫥櫃主體：收納櫃 、造型

# 核 心 概 念

男屋主嚮往現代摩登的空間調性，為此，設計師跳脫常見的室內直橫線條結構，在櫃體翻轉創意，以斜線元素呈現電視櫃與主牆收納櫃造型。同時顧及客廳公共空間僅 10 坪大小，電視櫃拉往空間中線，雖能營造視覺安定的中心點，但亦可能造成動線阻滯受迫，故電視櫃鏤空處理，視線不被阻擋，連光線也能跟著流動。

為使客廳設計整齊俐落，主牆收納櫃同步沿用斜線幾何概念打造，收納櫃體懸空降低體積量感，展示層架則利用鐵件與層板等異材質混搭，兩座櫥櫃中間只隔著沙發相呼應，將偌大客廳變化出新亮點。

## 設計小心機・單車收納

懸空收納櫃不做滿，預留一小空間，櫃體邊角挖鑿一凹槽，是專給屋主單車擺放使用。

▲ 電視櫃採鐵件鏤空設計，安置客廳空間靠中央位置，切齊餐桌水平線。

▲ 沙發後方的主牆收納櫃有一凹槽，是專門給單車停放使用。

▲ 進門側邊櫥櫃作為玄關收納，與主牆展示櫃落在同一壁面。

# 設 計 重 點

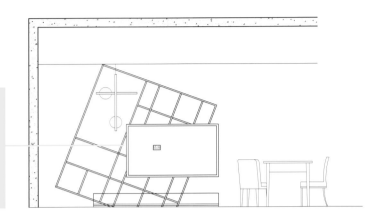

**Point 1**

鏤空鐵件電
視櫃背藏展
示機能

## ① 鏤空鐵件電視櫃背藏展示機能

以斜線為基礎,將整座電視櫃鏤空設計,鐵件噴漆構築主體輪
廓,整個彷彿傾斜一角的魔術方塊,視聽設備就收放在鏤空鐵
件內。雖說電視櫃收納多以封閉手法好隱藏線路、設備機器,
讓表面外觀乾淨整潔,鏤空處理相對隱蔽性弱,可透過搭配造
型吊燈與跳色修飾,可轉移部分焦點。而電視櫃背後也藏了小
心機,包覆展示架,可供擺放雜誌、書籍或是音樂專輯。

鐵件 / 消光淺灰
檯面黑色

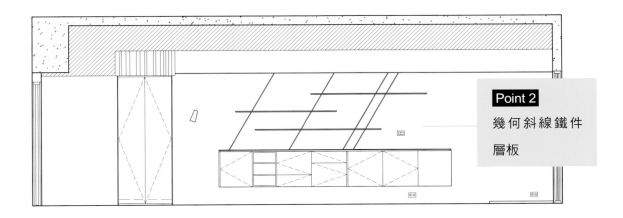

Point 2
幾何斜線鐵件
層板

## 2 幾何斜線鐵件層板

因應電視櫃的斜線幾何造型，主牆收納櫃也有相同元素呼應。櫥櫃可分兩大主體，一是騰空門櫃，主提供收納，門片選用淺色天然胡桃木紋，與木地板深色胡桃木架出視覺層次，另一個是展示陳列機能優先，鐵件烤漆當垂直面支架，故做傾斜與電視櫃線條如出一轍。層架則是胡桃木，水平參差錯落，營造端景效果。除此，設計師有特別留意結構乘載，鐵件直鎖梁柱天花與收納櫃體，不怕放不了重物。

鐵件 / 烤消光黑　　層板 / 天然胡桃

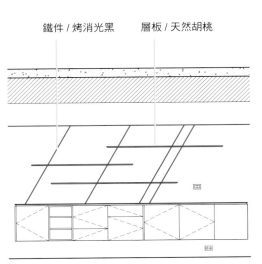

# CASE 33 現代極簡宅 公共空間集中收納

▲ 開放式中島廚房、旋轉梯，製造公共空間視野新趣味。

## 設計小心機・電器櫃

冰箱電器櫃尺寸需事先詢問確定，以免櫥櫃開口大小與冰箱尺寸不符。而這裡的櫥櫃多半採好拆解組合的系統櫃打造，以利將來更換。

## 裝 修 快 訊

- 風格：現代風
- 搭配建材：木作桶身、人造石、系統櫃、仿板岩磁磚
- 櫥櫃主體：中島櫥櫃
- 設計：知域設計 & 一己空間制作／劉啟全、陳韻如、方人凱

## 核 心 概 念

呼應男主人喜愛的簡約調性，以及女主人企盼的開放式廚房，設計師重新為多年的中古屋「改頭換面」。最大亮點莫過於中島廚房側邊的旋轉梯，除了考量整體結構支撐力，還得精心計算踏階數與角度問題，好留有寬敞動距，可供人走動不受影響，又能顧及室內採光。

▲ 從圖中可知公共空間的收納大部分集中在餐廚區，設計師將立面收得乾乾淨淨，呼應業主喜愛的簡約風。

## 設 計 重 點

活動層板

Point 1
L 型 回 字 開
放廚房

吊櫃門片／除手霧鐵灰

緩抽
抽盤

### ① L 型回字開放廚房

廚房的流理台與櫥櫃沿牆規劃，呈現方便走動使用的 L 型設計，扣除基本杯碗瓢盆收納需求，在冰箱電器櫃側邊還設置紅酒櫃位置。與櫥櫃平行對立的中島正好形成一回字動線，讓大家在這裡活動更有餘裕。

# 旋轉電視架附加收納機能
# 改善客廳畸零空間

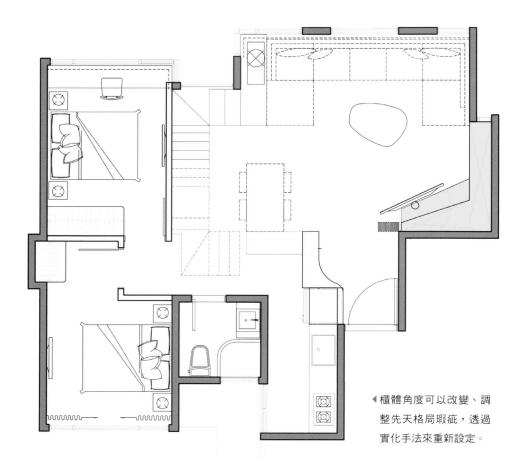

◀ 櫃體角度可以改變、調整先天格局瑕疵，透過實化手法來重新設定。

## 設計小心機‧照明減輕量體

怕黑色電視牆櫃笨重，除了利用茶鏡玻璃來減輕量體，也可透過照明手法來修飾改善，天花上方嵌投射燈，下方間接照明，配合茶鏡與安格拉珍珠石板，替電視櫃視覺「減重」。

## 裝 修 快 訊

● 風格：摩登都會

● 搭配建材：木作、鐵件、茶鏡

● 櫥櫃主體：多功能複合櫃

● 設計：你妳設計／林妤如

## 核 心 概 念

頗為尷尬的畸零地,就位在客廳,造成多處直角,設計師透過角度與借位處理,來修飾空間配比不均問題。在主牆後方靠玄關處結合頂天鞋櫃,同步延伸電視牆面積,囊括電視櫃、鞋櫃與展示功能,僅用一櫃搞定 3 種機能。

▲ 善用畸零地創造多功能櫥櫃。

## 設 計 重 點

牆面 / 面貼安格拉珍珠　　櫃面 / 面貼黑橡木染白木皮

櫃面 / 面貼黑橡木染白木皮

櫃面 / 面貼灰鏡

Point 1
兩 面 式 45
度電視櫃

鐵件烤漆
層板 /8 mm
強化玻璃
櫃 面 / 面貼
安格拉珍珠

櫃內 / 內藏 LED
櫃面 / 面貼安格拉珍珠

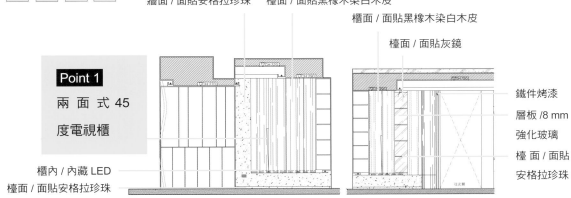

## 1 兩面式 45 度電視櫃

電視牆非單面造型設計,而是透過兩面 45 度角櫃體內凹組成,如此可修飾先天格局直角,柔化線條。由旋轉電視架權當螢幕,能隨觀賞者位置調整角度,等同客餐廳可一起分享電視。電視架後的展示櫃,則選用茶鏡、強化玻璃層板,配合間接照明,使大面積黑色電視櫃輕盈不少。

# CASE 35 善用挑高激增櫥櫃空間 擴大小坪數收納

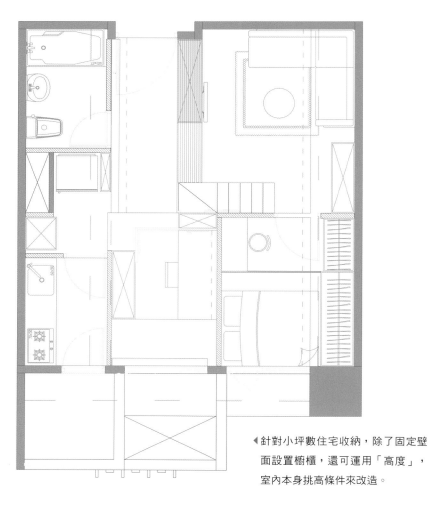

◀針對小坪數住宅收納，除了固定壁面設置櫥櫃，還可運用「高度」，室內本身挑高條件來改造。

---

### 設計小心機・木作格柵

考慮玄關電視櫃高度、容積，與整體設計協調，木作格柵由櫃體上方天花延伸至側邊的樓梯，產生共鳴，否則玄關電視櫃反而突兀。

### 裝 修 快 訊

● 風格：輕工業

● 搭配建材：木作、系統櫃

● 櫥櫃主體：玄關鞋櫃＋電視櫃

● 設計：享家設計／吳淑芬

## 核 心 概 念

為發揮小坪數空間最大效益，一櫃兩重意義，將鞋櫃與電視櫃結合，形成入門時，有一道隔間牆區別動線停頓點，無形中打造出玄關與客廳。特別的是櫃體刻意留出可穿越的空格，是為了屋主養的貓能自由穿梭，將其當貓道使用。

▲ 雖然室內空間小，設計師利用玄關櫃兼電視牆製造了動線轉折。

## 設 計 重 點

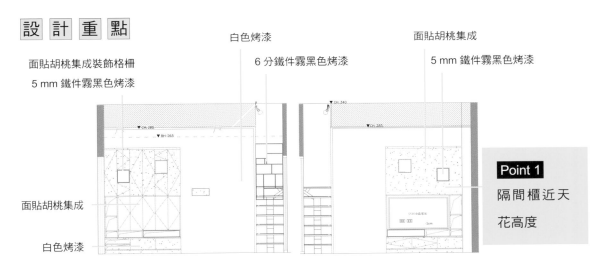

面貼胡桃集成裝飾格柵
5 mm 鐵件霧黑色烤漆

白色烤漆

6 分鐵件霧黑色烤漆

面貼胡桃集成

5 mm 鐵件霧黑色烤漆

面貼胡桃集成

白色烤漆

**Point 1**
隔間櫃近天花高度

## ① 隔間櫃近天花高度

原屋挑高 3.4 m 有極佳優勢，讓設計師可以將收納櫃往上「長」，充當玄關與客廳隔間的櫥櫃，一口氣拉到靠天花位置，讓靠玄關這面的櫃體上半部加大收納容量，另外留下開放式儲物格，可日後安裝音響。

**CASE 36**

# 開放式原木餐櫥
# 明明在家卻像在 café 喝咖啡

▲ 屋主希望能擁有一個開放式餐廚空間，媲美咖啡館。

**設計小心機‧透明漆**

在木作塗上透明漆，可保護櫥
櫃櫃面，避免髒汙染色，尤其
是櫥櫃湯湯水水多，選木料建
材時，要特別留意保護。

## 裝 修 快 訊

● 風格：現代工業風

● 搭配建材：原木板材、角鋼

● 櫥櫃主體：廚房櫥櫃

● 設計：麻石設計／李宜蔓

# 核 心 概 念

為了將屋主渴望的咖啡廳印象移植到開放式餐廚，中島檯面宛如清水模，櫥櫃以原木板材和 4 cm 寬黑色角鋼異材質組成，櫃身面貼橡木皮，木層板面貼黑色木皮，抽屜櫃把手選用黑色鐵件，利用原木自然感與現代室內設計及愛的黑，形塑工業風氛圍。

▲ 別於一般工作檯面多 4 cm 厚板，設計師改用 1.2 cm 黑色人造石檯面收邊。

# 設 計 重 點

面塗乳膠漆　木層板面貼黑色木皮

1.2 cm 黑色人造石檯面

**Point 1**
工業風原木
櫥櫃可打包
帶走

抽屜軌道五金

黑色金屬把手

櫃身面貼橡木皮 / 面塗透明漆

4 cm 寬黑色角鋼

## ① 工業風原木櫥櫃可打包帶走

廚房流理台的收納全藏在下方櫥櫃，維持面整潔。而這套櫥櫃下方以套管墊高，完全不落地，可便於打掃清潔，不易藏汙納垢，甚至拆卸安裝自如，屋主若想移位或是搬家，可整套帶走。

# CASE 37 和室榻榻米地板有玄機
# 收納泡茶兩相宜

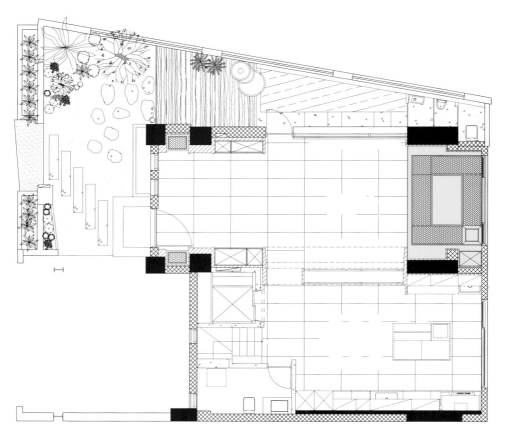

▲ 客廳角落延伸成茶室空間，與廚房正好一線之隔。

---

**設計小心機・保護漆**

為保護櫥櫃櫃面，避免髒汙染色，特別是原木類建材，多會表面施作木質保護漆。

## 裝 修 快 訊

● 風格：日系禪風

● 搭配建材：實木、五金配件

● 櫥櫃主體：地板抽屜櫃

● 設計：家和空間設計／家和空間設計團隊

## 核 心 概 念

大面積採光窗旁,最常被規劃成臥榻,下方追加收納空間,設計師反過來利用這片窗景與屋主喜愛的實木,打造類和室的茶室空間,一樣架高木地板好做抽屜櫃儲物,偌大茶桌從架高木地板升起,全面鋪上榻榻米,形成品茗好處所。

▲ 借大面窗景,打造日式茶室風光,泡起茶來,茶韻特別甘甜。

## 設 計 重 點

檜木實木 / 表面施作木質保護漆(另行加工)　　　鵝牌雙層隔音氣密窗

Point 1
沿梁下設櫃
加裝水槽

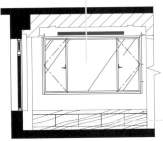

抽屜正面木作貼皮噴漆處理

日本進口榻榻米 / 黑色收邊料布條　　抽屜正面木作貼皮噴漆處理

### ① 沿梁下設櫃加裝水槽

和式茶室的櫥櫃與廚房餐廳隔間一體兩面,沿著梁下空間衍生,也因緊靠廚房水路管線,特別安置水槽方便泡茶時,不用來回奔跑。櫥櫃建材自然選用屋主喜愛的檜木實木來打造。

# CASE 38 梯形玄關衣帽間
## 誕生走道改變動線

▲ 玄關櫃扮演格局動線起始點角色，現代設計手法多傾向改變櫃體的角度，不走垂直水平傳統路線。

### 設計小心機・摺疊門

是櫥櫃也是隔間牆作用的玄關衣帽間，其門片開闔也是設計關鍵。考慮玄關走道寬度有限，摺疊門較不易佔空間。

### 裝 修 快 訊

- 風格：日系禪風
- 搭配建材：木皮、摺疊鉸鏈
- 櫥櫃主體：玄關櫃
- 設計：湜湜設計／湜湜設計團隊

## 核 心 概 念

開門即見客餐廳公共空間，是格局規劃常遇狀況，但該案例特別的是大門寬度有 120 cm，一覽無遺不打緊，一開門直接看透到底，穿越落地玻璃窗，直視對面高聳建築物，屋主最大願望無非有大大玄關可遮蔽。不過考量格局走向與動距，玄關櫃太大反而有壓迫感，因此削角改成梯形狀來分化客餐廳空間。

▶ 玄關櫃主功能為鞋櫃衣帽間，然而量體大，全木作遮蔽更顯壓迫，拉門門片選格柵搭配間接照明，可減輕櫥櫃量體碩大感。

## 設 計 重 點

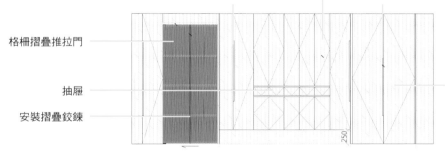

木作收納櫃 / 面貼木皮
挖寬 2 cm 把手溝
櫃體轉折線

格柵摺疊推拉門

抽屜

安裝摺疊鉸鍊

250

**Point 1**
玄關等寬櫥櫃打造完美隱私

### ① 玄關等寬櫥櫃打造完美隱私

進門後要設置寬度超過 120cm（大門玄關寬）櫃體，又要不會引起視覺壓迫，還得顧及動線流暢，設計師改將中規中矩的玄關櫃四方邊，面向玄關和客廳區的兩側，削角成梯形構造，順勢引導動線，又可擁有絕佳蔽屏。靠餐廳廚房側的櫃體，增加櫥櫃機能，將玄關櫃機能發揮淋漓。

# CASE 39 整個主牆都是儲物間
# 臥室超強大收納機能

◀床頭櫃整牆式設計，正好形成臥房新主牆，同步解決梁壓床風水問題。

**設計小心機‧塗料保護**

全為木造櫃體，一來怕受潮變形，二則容易變色甚至染色，可於櫥櫃工程將完工時，在外層多加塗料工序，好保護延長木作使用壽命。

裝 修 快 訊

● 風格：木作東方風
● 搭配建材：全實木、木板貼皮
● 櫥櫃主體：床頭櫃
● 設計：一水一木設計／謝松諺

# 核 心 概 念

因應屋主已先買好的床組，設計師
根據家具材質、風格特色，將床頭
主牆規劃一整面木作櫥櫃，帶入濃
濃東方風情。而櫃體每道門扇都能
開啟，形成超強收納機能，可用來
擺放棉被與非當季衣物，也能滿足
屋主床組備品較多的收納需求。

▲ 全木作的床頭櫃，和床具、地板，統一的木質調，奠定臥房風格走向。

# 設 計 重 點

開門木條局部導斜角

4 cm 固定層板 / 北華安浮雕橡木玻麗木心板

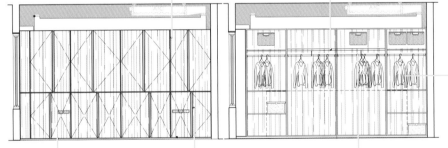

Point 1
床頭櫃深度
齊梁變主牆

底部預留 2 cm 溝縫 / 面貼
歐洲白橡木鋼刷實木拼

木作架框門 / 面貼歐洲白
橡木鋼刷實木拼

鋁質吊衣桿（中間支架
加強）

## ① 床頭櫃深度齊梁變主牆

考慮睡床不壓梁風水問題，善用梁下空
間作為床頭櫃深度，全面切齊，徹底將
梁藏起來，設計師將整個木作櫃俐落修
飾變身新主牆，取代床頭制式左右兩側
嵌燈作法，好擺設屋主已購家具。

# CASE 40 新建材與老屋的新火花
## 櫥櫃秀機能也秀材質多元化

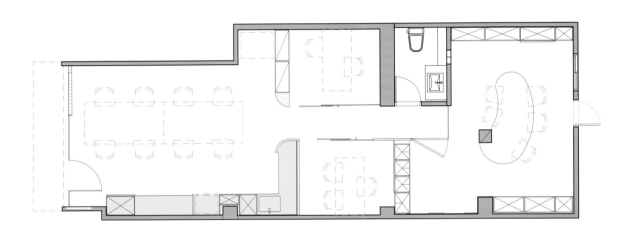

▲ 會議室靠牆設計 L 型櫥櫃，展現不同建材搭配可能。

### 設計小心機‧結構力學

特殊訂製半月形辦公桌，主要結構是仰賴相嵌的水泥梁柱，但因桌子長度較寬，超過 200 cm，桌腳建材的支撐力得一併考慮。

### 裝 修 快 訊

- 風格：現代風
- 搭配建材：科技板、木作、水泥花磚、保護漆
- 櫥櫃主體：複合櫥櫃
- 設計：知域設計 & 一己空間制作／劉啟全、陳韻如、方人凱

## 核 心 概 念

作為設計類職場辦公場域，設計
師企圖營造建築新舊融合的現代
衝突美感，刻意保留部分建物既
有的梁柱，裸露水泥材質不假其
他修飾，單塗布保護漆以免混凝
土風化過快，並運用具有穿透感
的建材來作部分隔間處理，搭配
牆角圓弧造型修飾，弱化隔間牆
的邊邊角角。

▲ 特殊訂製半月形辦公桌嵌入裸露梁柱，成為亮點之一。

## 設 計 重 點

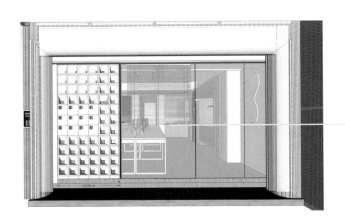

Point 1
會 議 室 是
showroom

### ① 會議室是 showroom

會議室周邊壁面規劃時下流行且實
用度高的櫥櫃配置，如此一來，可
讓前來諮詢開會的業主，從材質到
樣式感受設計真實樣貌。

# 不規則形櫥櫃活化動線
# 意外幫小空間增加收納

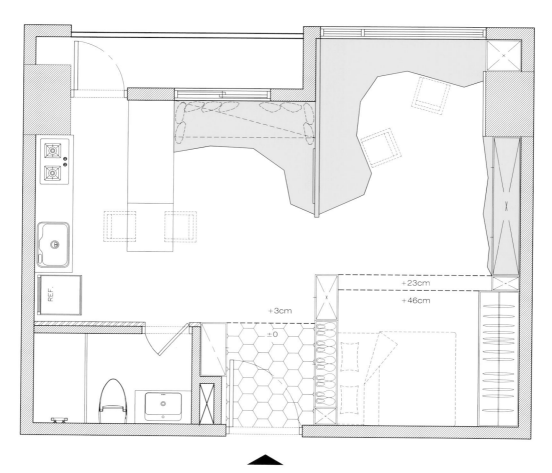

+23cm
+46cm

+3cm

±0

REF.

▲ 櫃體削角改變角度可調整格局動線，相對不規則造型處理可以模糊小坪數的侷促感。

## 裝 修 快 訊

● 風格：現代都會

● 搭配建材：木作夾板、合成
木皮、基本門片、西德鉸鍊

● 櫥櫃主體： 多功能櫥櫃

● 設計：邑田空間設計／彭羿騏

# 核 心 概 念

面對室內空間小，屋主又有大量琳瑯滿目的收藏品，四面牆壁自是櫥櫃收納規劃要點，但為免去櫃體呆板線條，設計師將櫥櫃造型與家具連結，如臥榻、梳妝台、書桌、電視牆等，另打造不規則形體，連成一帶狀區塊，加上鮮明漆彩，讓人忘記小坪數狹窄形象。

而小坪數的儲藏空間也要多利用垂直面挑高來解決，主臥與儲藏室二合一，採架高地板手法，地板底部可挪來儲物，要往臥室的架高地板可做兩階式樓梯，又能利用樓梯梯下空間放置小物件，讓家裡每一寸地都有儲藏可能。

▲ 小坪數寸土寸金，可挪當收納的地方，連臥室架高地板的樓梯也沒放過。

▲ 彎曲不規則的工作，包含了書桌、梳妝台以及電視牆與臥榻區，設計師將家具機能全整合一起。

▶時下流行的洞洞板，可讓屋主隨興置掛物件。

## 設計小心機 · 穿鞋椅

玄關區收納包袋衣物，如若以一般門片櫥櫃處理，無論設計或櫃體呈現視覺，怕讓小坪數空間更壅塞，玄關處改用洞洞板取代傳統一格格櫥櫃，木作騰空穿鞋椅，玄關顯得活潑。

# 設 計 重 點

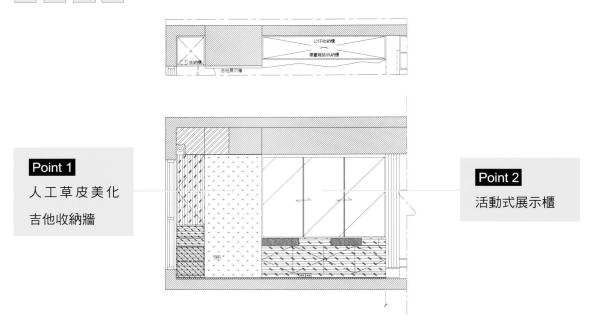

公仔收納櫃

漫畫雜誌收納櫃

CD收納櫃

吉他展示櫃

**Point 1**
人工草皮美化
吉他收納牆

**Point 2**
活動式展示櫃

## ① 工草皮美化吉他收納牆

怕整面木作櫥櫃顯得單調，除了一些抽屜和隔板跳色
處理外，靠窗邊緊鄰工作桌牆壁，打造一吉他收納
牆，特別選用人工草皮貼面，透過草皮鮮綠顏色與空
間形成強烈對比，增加視覺多變趣味。

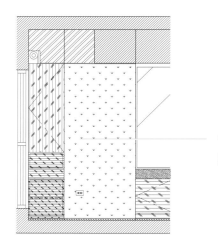

吉他收納區面
貼人工草皮

## ② 活動式展示櫃

屋主收藏品相當多樣化，舉凡公仔、樂器、漫畫書籍、CD 等等，需要的收納規範各有差異，因此櫥櫃設計須多點彈性。靠大門處的展示櫃，以強化玻璃為層架門片，可用來擺放屋主精心收藏的貴重物品，既能防髒污灰塵，又可一飽眼福。鄰近臥室的展示櫥櫃，層板採活動式設計，能依使用者需求，隨意調整高度。當然為能放重物，層板也是經過載重計算。

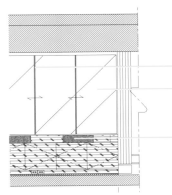

公仔展示區兩邊安裝 LED 燈條

漫畫收納櫃活動層板

抽屜跳色處理

▼ 當沿著牆壁尋找櫥櫃空間時，要留意顏色、材質與作法搭配，避免室內到處都是收納櫃，視覺反顯得有礙觀瞻。

# CASE 42

## 整面牆都是儲藏間
## 男孩房的高機能收納

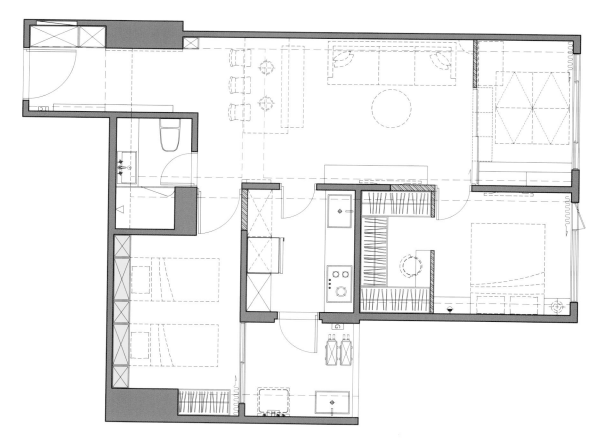

▲ 兒童房收納至上，考慮位置恰好有大梁，特地將櫃體切齊避梁壓頭。

**設計小心機・吊衣桿**

床頭兩側櫥櫃配置橫式吊桿，可用來掛常穿的衣物，彌補衣櫃之不足。

**裝 修 快 訊**

● 風格：白色木質調

● 搭配建材：實木皮、烤漆

● 櫥櫃主體：衣櫃複合床頭收納

● 設計：構設計／楊子瑩

# 核 心 概 念

設定為兩個小男孩的共用臥室,又要滿足小朋友閱讀、遊戲玩耍需求,收納機能與彈性運用兼具,故整牆靠梁那一面全規劃成床頭櫃,整個拉平,方便床墊推拉。在有限空間中,櫃體以白色和木質調帶來視覺清新明亮感。

▲ 臥房樓板恰有大梁,將櫥櫃深度切齊梁柱,做成整面式床頭櫃主牆。

# 設 計 重 點

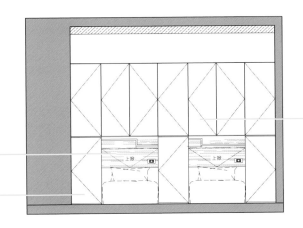

木作內凹床頭造型 / 面貼義大利橡木皮

門面烤漆(白)

**Point 1**
門片櫃配合
兒童高度

## ① 門片櫃配合兒童高度

除了床頭內凹層板當展示外,其他櫥櫃皆做成門片開闔,孩童床墊對應的床頭櫃採上掀處理,可拿來收放棉被或遊戲玩具。平常閱讀的書籍也能直接放入這整面櫃體中。值得注意的是,因為是配合孩童需求,收納櫃的高度是貼合兒童身高設計。

# 矗立新電視牆做雙面櫃
# 背後就是多功能小天地

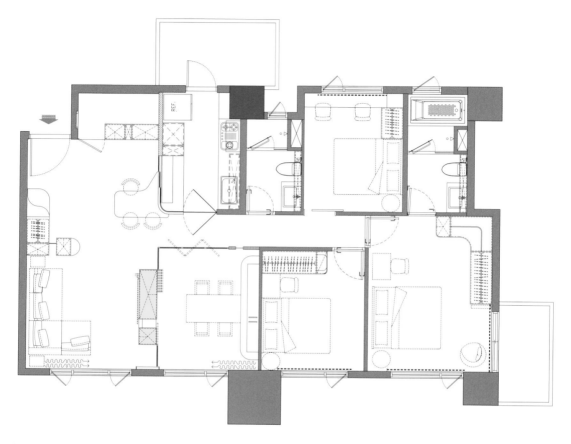

▲位結合屋主兩人的風格喜好，以及考慮成員家人需求，透櫃櫃體設計重新配置空間動線。

**設計小心機・圓弧收邊**

室內隔間造型、早餐檯邊角，甚至玄關處，都以圓弧來表現，除了讓空間線條更活潑感外，同時考慮到家中小朋友好動習性，圓弧收邊可避免危險。

## 裝 修 快 訊

- 風格：混搭風
- 搭配建材：木作、噴漆、藝術塗料、鐵件、玻璃
- 櫥櫃主體：電視牆展示櫃
- 設計：知域設計 & 一己空間制作／劉啟全、陳韻如、方人凱

## 核 心 概 念

原本 3+1 格局,屋主夫妻二人想
讓公共空間更通透些,不想有太
多隔間,結合兩人喜好風格,在
公共區域重新豎立一道電視牆充
當隔間機能,形成雙面櫃概念,
面對客廳是電視櫃,面對後側則
是收納展示用途。為讓空間感更
通透,電視牆下方做穿透平台,
兩側又有玻璃拉門對稱,動線更
靈活。

▲ 客廳電視牆為兩面櫃設計,後方是多功能室。

## 設 計 重 點

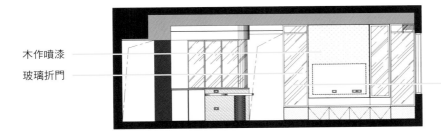

木作噴漆 ——
玻璃折門 ——

Point 1
櫥櫃搭玻璃
折門創造多
功能室

### ① 櫥櫃搭玻璃折門創造多功能室

電視牆背後挪作展示收納櫃體,因下方底座的穿透設計,
讓櫃體有如騰空處理,為讓該區空間運用更靈活,設計師
選用玻璃折門搭配橫拉門概念,隔間配置更彈性,可橫拉
獨立出小空間來,也能往電視牆櫃內縮,加上屋主選用移
動式家具,可在此辦公當書房,也是用餐區,更是朋友來
訪時的機動式空間。

# CASE 44　半穿透高櫃
斜 13 度角動線更俐落

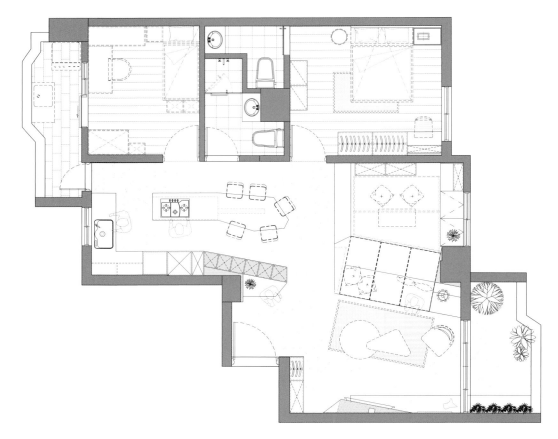

▲ 櫃體拉個角度，可改變軸心分配，讓不規則格局視覺獲得均衡。

## 設計小心機・鐵網層架

中島上方以鐵方管烤漆搭配黑色鐵網做層架，可充當收納，擺設植栽飾品，兼具空間裝飾作用。

## 裝 修 快 訊

● 風格：自然人文風

● 搭配建材：系統櫃、實木貼皮、清水模塗料

● 櫥櫃主體：頂天高櫃

● 設計：一它設計／高立洋

## 核 心 概 念

呼應自然人文風格,將界
於玄關與廚房的高櫃,不
僅斜切角度改變動線,以
清水模塗料搭配實木皮材
質打造,半穿透性設計,
減輕頂天花高櫃量體視
覺,上方開放式陳列,製
造若隱若現感,下方隱蔽
式門片,實踐收納用途。

▲ 用來區隔玄關廚房的櫃體設計,全密閉式,又頂天立地,若空間不大,反而有
壓迫感,採穿透式手法,又有隱私問題,設計者須衡量當中利弊。

## 設 計 重 點

中島區收納櫃由系統櫃施作

櫃內有 2 片層板

▲CH:270　　▲CH:258

**Point 1**
實木貼皮斜
切角度

## ① 實木貼皮斜切角度

沿原格局壁面規劃櫥櫃,只顯得規矩
呆板,將半穿透高櫃斜 13 度角,不
只可讓出中島空間,同時讓不規則中
島檯面有延伸視覺感,拉提 U 字型動
線更寬敞俐落。而高櫃亦可做兩面設
計,一邊是玄關收納,另邊是廚房生
活用品儲藏機能。

角度斜切

**CASE 45** 頂天書櫃電視牆隱形了
立體拼貼地下室藝文時光

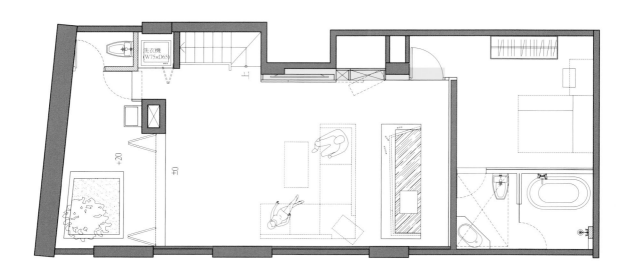

▲ 地下室起居休閒空間，共規劃兩座櫥櫃設計，吧檯區著重裝飾性，另一側以實用為導向。

**設計小心機·淺色材質**

因為櫥櫃採頂天設計，選擇淺色系的材質，可利用其膨脹作用讓室內空間看起來有放大效果，尤其結合天井映射的光源，空間備感舒適不壓迫。

**裝 修 快 訊**

● 風格：現代簡約

● 搭配建材：黑鐵烤漆、圓型鐵管烤漆、梧桐木染色

● 櫥櫃主體：書櫃電視牆

● 設計：雨後設計／黃凱崙

# 核 心 概 念

回應喜愛藝術的屋主，針對位於地下室、結合電視櫃與書櫃機能的大型頂天立地櫥櫃，面材統一採用梧桐木染色，讓空間視覺畫面整齊劃一，另外透過層架錯落架設手法，提昇櫥櫃設計美感與質感。

▲ 是電視牆也是書櫃，同時更包含一扇通往臥室的隱藏門。

# 設 計 重 點

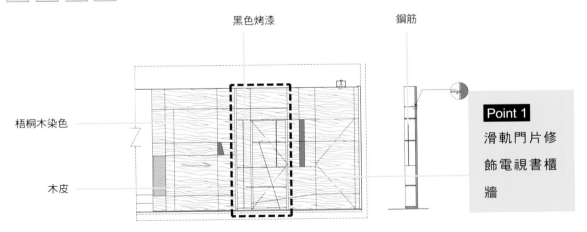

黑色烤漆　　　鋼筋

梧桐木染色

木皮

**Point 1**
滑軌門片修飾電視書櫃牆

## 1 滑軌門片修飾電視書櫃牆

將書櫃、電視牆與臥室房門整合進一片式櫥櫃中，設計師還另外安排門片滑軌，左右滑動，可以讓使用者依當下需求，自由選擇想遮蔽的區域，是想秀出電視屏幕抑或展現收藏品與幾何層架的線條美，皆能隨心所欲。

滑軌門片

# CASE 46 書櫃展示取代電視牆
# 成就家的美麗風景

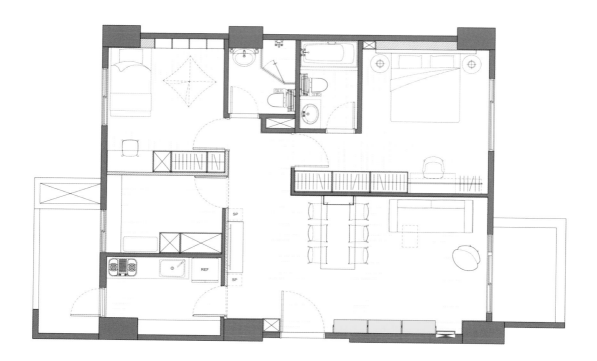

▲ 電視牆未必真的只是放電視的地方，可以變身各種可能，例如一整落書牆，替家增添書香氣息。

## 設計小心機・打毛

成就工業風不羈感受，書櫃展示牆壁面未必得再鋪紅磚或做板岩等設計，直接打除牆面水泥粉光層，創造貼磚前的打毛效果，結合胡桃木木作，碰撞創意。

## 裝 修 快 訊

● 風格：現代工業風

● 搭配建材：鐵件圓管、洞洞板、木作層板、木作抽屜櫃

● 櫥櫃主體：書櫃展示架

● 設計：有隅空間規劃所／有隅空間規劃所設計團隊

## 核 心 概 念

為了家人可在公共空間有更多互動可能，不是只能窩在沙發看電視，於是客廳本該有的電視牆，在屋主夫妻二人提出想法後，跳脫範本設計，電視主牆消失，取而代之的一整面造型展示架，搭配男主人喜愛的工業風，牆壁鑿除水泥粉光層，刻意凹凸裸露，讓書籍、展示收藏品成為家中最美的一道風景。

▲ 洞洞板銜接鐵架木作，配合打毛的壁面，優雅與粗獷並行。

## 設 計 重 點

洞洞板　　造型鐵件展示架 / 25 mm 圓管烤黑

**Point 1**
鐵件支點碰地
打造輕量感

胡桃木層板

抽屜櫃

### 1 鐵件支點碰地打造輕量感

整個展示架座身為鐵件金屬，抽屜櫃不貼底部，懸空設計，僅將鐵件框架幾個支點碰地，好營造底部輕盈視覺，但顧及展示架的穩固性與載重力，金屬圓管尺寸不可太細，需事先與屋主商議評估未來置放物品的重量，加以挑選適合尺寸，並且強化鐵件的側牆固定，以套管方式增強與壁面的結合力。

# 更衣室外放追加展示機能
# 過道華麗變身像逛精品櫥窗

**CASE 47**

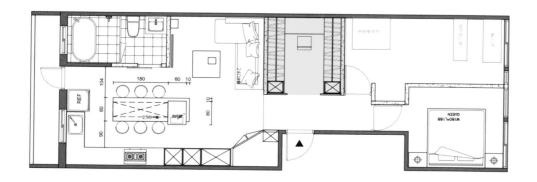

▲ 透過材質與間接照明，以及取巧位置，更衣室也能華麗變身外秀的展示間。

---

**設計小心機·花磚介質收邊**

櫃體尺寸、位置須與更衣室內的石塑地板、走廊的地坪花磚，對照磁磚貼磚計畫，各材質邊界收邊拿捏得宜，否則會使花磚像是沒整塊貼，視線上宛如水平沒對整齊。

**裝 修 快 訊**

- 風格：工業風
- 搭配建材：木作、雪花家榆木實木皮、油漆噴漆、灰玻璃
- 櫥櫃主體：更衣室＋展示收納
- 設計：優尼客空間設計／黃仲均

## 核 心 概 念

更衣室應該和臥室綁在一起，只能隱藏不能外露 SHOW OFF 的想法已經落伍了。原始格局的進門入口位靠中央，切割開公共空間與臥室，形成中間的過道空間平白浪費。因此轉個角度，將更衣室從臥房拉出，以清玻拉門和走道劃清地界，入口合併展示櫃機能，讓更衣室像是逛精品百貨櫥窗般，華麗變身。

▲ 就格局位置來說，像極玄關入口的展示櫃，可實際上又為更衣室空間，利用材質和燈光變化，賦予櫥櫃不同生命力。

## 設 計 重 點

輕質鋁框拉門 5 mm 清玻門片

輕質鋁框黑框開門

櫃底面貼明鏡

櫃內面貼樂維美耐板煙燻灰

左右嵌入燈條

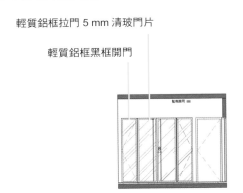

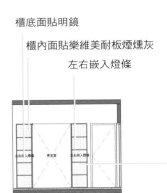

**Point 1**
更衣間清玻
門面秀收藏

## ① 更衣間清玻門面秀收藏

在更衣室和走道過度空間之間，置入展示櫃，而展示層板選用玻璃材質，嵌入 LED 燈條櫃底面貼明鏡，一方面展現輕透感，另一方面有如百貨櫥窗，好將屋主收藏盡情展露，另外更衣室採鋁框黑框拉門，內嵌清玻璃門片，與展示櫃產生共鳴，當闔上拉門，一點也不覺這裡是更衣間，反倒像極走道端景。

# 一片式展示櫃配合照明
# 客廳化身小品藝廊

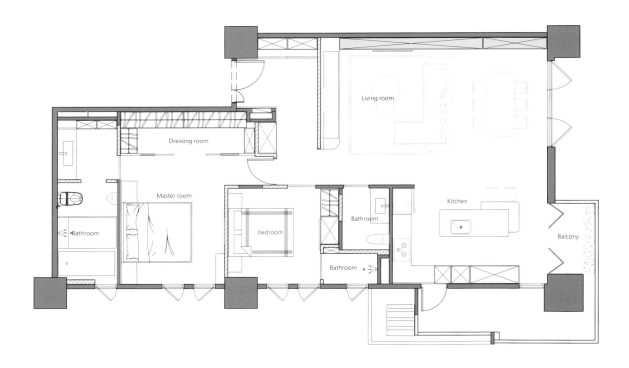

▲ 長形公共空間的櫥櫃設計，更需多重櫃體組合搭配不同建材，才能帶起視覺節奏。

**設計小心機・電視牆隔間玄關**

打掉隔重規劃動線，玄關處一體兩面，當玄關隔間牆同時，背後貼石材薄板，成就電視牆，自我形成公共空間。

## 裝 修 快 訊

- 風格：現代簡約
- 搭配建材：天然實木、鍍鈦金屬、鐵件烤黑、夾紗玻璃、MDF 適材板、LED 線型燈、嵌燈
- 櫥櫃主體：展示櫃
- 設計：百玥設計／胡桐宜

## 核 心 概 念

考量整體動線與隔間不合需求，屋主委
請設計師重新配置，斟酌室內光線要充
足，屋主自身不愛過於複雜元素，又收
集大量藝品，在入口的地方，規劃玄關
牆當動線起始點，玄關背後即為電視主
牆所在，側面牆壁則變身成屋主藝品展
示櫃。利用展示櫃串連起客餐廳，讓公
共空間設計趨向一致性，簡潔俐落。

▲ 有要放藝術品的展示櫃，須事前確認特殊規格藝品尺寸，量身訂
做櫥櫃層板高度，與合宜的間接照明。

## 設 計 重 點

背牆面貼天然實木皮 /　　鍍鋅烤漆橫拉門 /　　天然木皮染黑 /
天然木皮 / 溝縫取手　　　膠合夾紗玻璃　　　　鍍鈦金屬方管

**Point 1**
夾紗玻璃變
化展示櫃層
次

## ① 夾紗玻璃變化展示櫃層次

雖是常見上層展示下層門片櫃處理，但細節
藏諸多魔鬼。例如展示開放櫃的直立與水平
層板運用不同色澤木作來製造視覺層次，也
顧及使用者需求，靠電視牆與餐廳桌區，預
設插座。另外安裝夾紗玻璃拉門，能左右橫
拉調整位置，變化展示櫃多元風情。

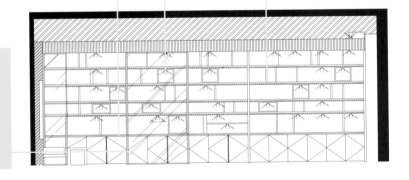

**CASE 49**

# 客廳 L 型多功能櫥櫃
# 1 辦公 2 收納 3 端景

▲ 兩面牆交接形成的 L 型體，暗藏鞋櫃、電視櫃與辦公桌（微型書房）多重機能櫥櫃設計。

## 裝 修 快 訊

● 風格：現代都會

● 搭配建材：低甲醛木心板、KD 塗裝木皮
　　板、黑色烤漆板、西德緩衝鉸鍊

● 櫥櫃主體：複合展示書櫃

● 設計：相捷空間設計事務所／高紹偉

### 設計小心機・噴漆保護
線條感的門片造型經烤漆與實木貼皮
兩種不同工班處理，為避免噴漆汙染
到木皮，需做特別保護。

▲ 電視櫃、收納展示櫃與鞋櫃等，沿著 L 型牆靠邊整合，
　有如一體成形。

## 核 心 概 念

屋主開頭即表明要有鞋櫃，回到家
後能有個簡易的辦公空間，又要滿
足收納，在這有限空間條件之下，
設計師將鞋櫃、電視櫃與辦公桌
（即書桌）結合，形成 L 型櫃體，
同時不讓儲櫃因多功能需求顯得視
覺紊亂，影響整體美觀，特地用造
型拉門修飾，而這道造型拉門和儲
櫃恰好又成了餐廳區的端景牆。

▲ 從餐廳眺望客廳，L 型櫥櫃正好成了絕佳端景牆。

## 設 計 重 點

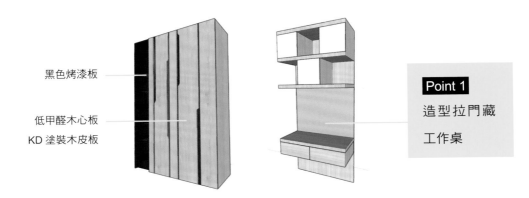

黑色烤漆板

低甲醛木心板
KD 塗裝木皮板

Point 1
造型拉門藏
工作桌

### ① 造型拉門藏工作桌

下班後想工作，無須另闢空間，將電視牆側邊的展示收納
櫃剖出一半空間來，摻入書桌（工作桌）結構，透過造型
拉門來做機能區分變化。當整個闔上，兩側有如流線門片
互擁著櫥櫃中央的展示櫃，當將拉門一推，書桌立現，拉
張椅子，屋主便可在此辦公。

# 玻璃電視牆 vs. 木作展示櫃
# 複刻無印自然生活

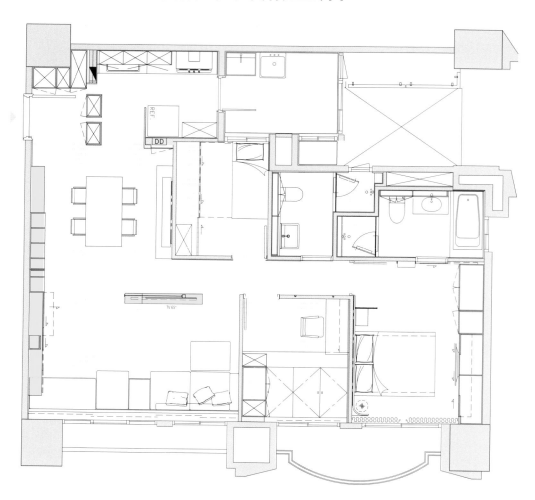

▲ 調整格局,將客廳轉向,讓動線更貼近生活需求。

## 裝 修 快 訊

● 風格:無印風
● 搭配建材:壓花玻璃、鐵
  件、木皮板、烤漆黑玻

● 櫥櫃主體:多功能複合櫃
● 設計:紅殼設計／ALICE x IRENE

# 核 心 概 念

一開始屋主便提出日本無印的生活風格，希望能打造一處簡約自然的居家環境。面對新成屋制式的 3+1 房規劃，後者的 +1 空間往往被單獨劃分，挪作他用，可這樣反而犧牲整體動線布局，在不動隔間前提下，設計師索性將客廳轉向，使沙發、臥榻連成一氣，全往有著大窗的牆壁靠攏，讓窗光順勢灑進，公共空間能保有最大自然採光。

客餐廳之間的區隔，僅仰賴一面玻璃隔屏，而它更扮演電視牆角色，藉由玻璃材質透光性，窗光一路暢行無阻。依原始格局，進門側牆正好是廚房位置，設計師便利用頂天櫥櫃處理成玄關形成ㄇ字型豎立起廚房隔間，客餐廳壁面，則安排整落木作展示收納櫃，多格設計搭配無印良品的收納盒，回扣屋主喜愛的風格。

■
### 設計小心機 · 壓花玻璃
玻璃具有透光性，一般可選清玻璃，但帶點紋路的壓花玻璃，透光感依舊，卻揉和了光線，弱化電視隔屏的沉重感。

▲ 木作收納展示櫃，搭配木地板與木製家具，呼應自然簡潔的無印風。

▲ 中間的玻璃隔屏也是電視牆，它改變生活動線，也讓室內採光不受阻撓。

# 設 計 重 點

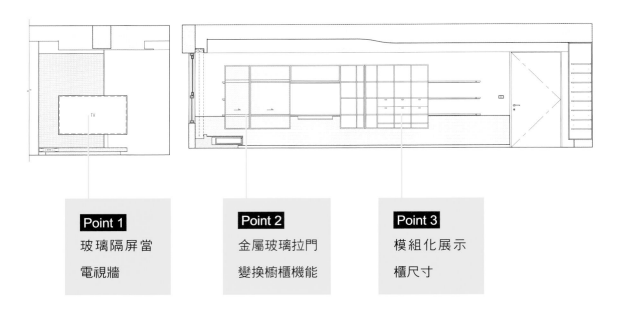

**Point 1**
玻璃隔屏當
電視牆

**Point 2**
金屬玻璃拉門
變換櫥櫃機能

**Point 3**
模組化展示
櫃尺寸

## ① 玻璃隔屏當電視牆

沙發和餐桌之間，利用玻璃隔屏當隔間，
同步兼做電視櫃，這還得顧及線路隱藏與
電視的承重力。因此電視壁掛架精算好位
置，焊接鐵件，電視櫃下方可放數個電視
盒，相關線路則藏在構造內，避免外露。

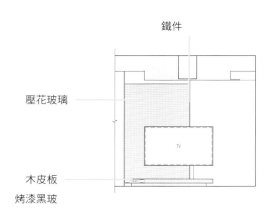

鐵件

壓花玻璃

TV

木皮板
烤漆黑玻

## ② 玻璃拉門變換櫥櫃機能

從大門入口側牆一路延伸的櫥櫃，通常會運用層架排列與材質混搭手法，來變化層次。看似收納展示為主，可靠窗處的書櫃層板結合金屬玻璃拉門，左右移動變化櫥櫃風景同時，還暗藏工作桌玄機。搬張小木凳，隨即成讀書區。

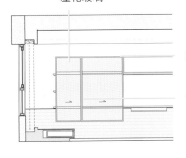

壓花玻璃

木皮板 / 層架

鐵件

## ③ 模組化展示櫃尺寸

為了屋主喜愛的無印風格，展示書櫃特別以品牌收納盒尺寸當模組進行規劃，方便日後屋主若想購買品牌的收納盒或置物籃，可隨心放入，又不怕收納盒與層架有隙縫差。這些都需事先溝通討論與丈量。另外，為了強化載重，層板結構加埋鐵件支撐。

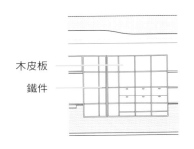

木皮板

鐵件

▲ 運用壓花玻璃與木作，打造屋主渴望的無印風。

# CASE 51 書房併連餐廚房
# 鐵件書櫃成端景

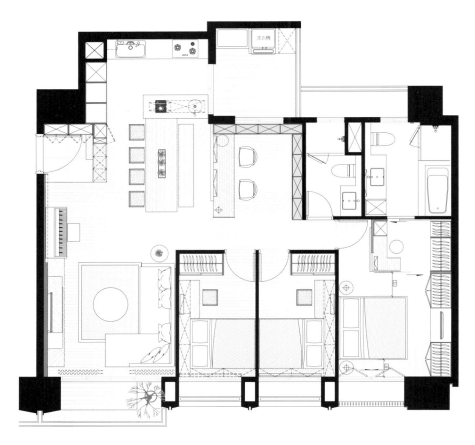

▲ 開放式書房和餐廚房連成一體，擴大互動空間，把聯繫感情的客廳機能與角色轉移到這來。

## 設計小心機・玄關水族缸

入口玄關單木作櫃遮蔽，多少有些壓迫感，顧及整體動線，玄關以水草缸當隔屏，營造另類療癒綠境，即使坐在書房也看得到迷人景致。

## 裝 修 快 訊

● 風格：現代工業

● 搭配建材：鐵件、栓木實木拚木皮

● 櫥櫃主體：書櫃牆合併書桌

● 設計：築青國際設計／陳冠文

# 核 心 概 念

一開始為了與朋友家中小聚，將餐桌放大可容納所有人，啖美食品酒暢談，後來覺這樣還不夠，於是把廚房空間納進來，移開隔間改成中島加餐桌，一邊料理一邊互動，但仍覺空間不足容納好友齊聚一堂，於是又把隔壁的書房空間給靠攏過來。書房開放式設計，與廚房、中島餐桌串聯一起，位子坐不下的，可到書房區來面對面聊天。

▲ 餐廳串接廚房與書房，打破客廳是生活重心的刻板印象。

# 設 計 重 點

白鐵方管鍍鋅烤平光黑

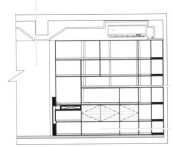

**Point 1**
L 型鐵件書櫃串接書桌

橡木噴砂實木抷

白乳膠漆

橡木噴砂實木抷抽屜

夾板烤平光黑

白色耐美板

## 1 L 型鐵件書櫃串接書桌

書房的書牆採 L 型設計與書桌相併連成一體，形塑ㄇ字型開放空間，包含書桌桌面和文件櫃支撐結構，選用鐵件搭配實木層板，讓設計語彙更加統一。由於櫃體是 L 型，木工施作轉角處層板銜接處要特別注意尺寸精準度。

# CASE 52 電視牆、玄關、餐櫃一鼓作氣
# 沿梁柱打造展示收納櫃

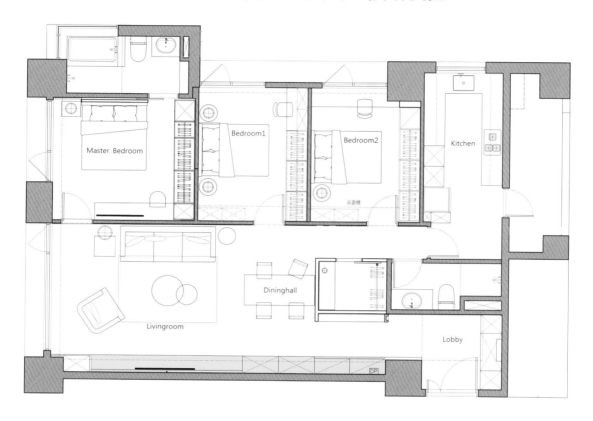

▲ 公共空間櫥櫃全藏在一整面牆裡，替屋主爭取不少收納空間。

## 設計小心機．線板門片

電視牆抽屜櫃選用白色線板門片，可柔化大理石牆材質冰冷調性，亦可間接調和美式風格元素。

## 裝 修 快 訊

● 風格：新美式

● 搭配建材：梧桐木鋼刷實木拚、大理石、黑鏡玻璃、古典線板門片

● 櫥櫃主體：電視牆複合玄關收納展示櫃

● 設計：宇肯空間設計／蘇子期

## 核 心 概 念

誰都想擁有超高收納機能住宅，就怕先天格
局在不動隔間下，難有發揮餘地。以不減公
領域尺度為前提，各臥房房門轉換方向，即
可讓私領域收納擴增，而客餐廳區，則由入
口大型梁柱到窗邊梁柱之間的牆壁著手，利
用梁柱深度作為櫃體深度，詳加規劃配置收
納，櫥櫃身分變化一路從玄關櫃、走道展示
櫃、餐廳拉門櫃，一直到電視櫃主牆，材質
部分亦搭配微妙，鐵件岩板、大理石材質
等，剛柔並濟傳遞質感與品味。

▲ 電視主牆兩側各有隱藏門，將大量收納機能集中，又不失
美觀。

## 設 計 重 點

**Point 1**
餐廳大拉門
櫃滿足收納

梧桐木鋼刷實木拼　　黑框 + 拓採岩 + 黑鏡玻璃

### ① 餐廳大拉門櫃滿足收納

電視牆、玄關與餐櫃全整合在同面牆，為讓整體層
次鮮明、機能明確，餐廳拉門櫃選用黑鏡玻璃拼接
拓採岩，表面天然岩石紋路對上細膩的梧桐木鋼刷
實木櫃身。當拉門左右拉開，內藏收納櫃，門片全
往電視牆併靠，又看到上方為開放式展示櫃，下層
門片櫃，滿足收納與展示需求。

CASE **53** 系統櫃串接書桌座榻
主臥休閒感做好做滿

● 風格：現代都會
● 搭配建材：系統櫃板材、烤漆鋼板、
　仿石紋陶板
● 櫥櫃主體：複合型展示櫃＋書桌
● 設計：澄易設計／楊富翔

▲ 臥房的櫥櫃規劃不外乎貼著牆面處理，單展示或衣物收納，
難免單調，或可考慮周遭環境，安排座榻或利用不同材質來
變化美感。

### 設計小心機・仿石紋陶板

床頭主牆側邊飾板，以及與展示櫃
相連的小書桌桌面，選用仿石紋陶
板，透過板材紋路花色能替臥室帶
來跳色處理，節奏不至枯燥乏味。

◀書桌與展示櫃合併一
起，要注意結構支撐
力，也要留心拼接時的
尺寸精準度。

# 核 心 概 念

臥室不想有滿牆櫥櫃，只為了收納機能，因此善用雙面櫃體來串接已被建商設定好的步入型更衣間同時，藉由系統櫃來組裝排序臥室的展示收納需求。從靠更衣室的牆壁規劃一落展示櫃，再以 L 型櫥櫃概念，將書桌與櫃體串聯，而書桌又與座榻相接，讓屋主可坐在小書桌前眺望窗前，又能慵懶躺臥坐榻區，享受悠哉時光。

▲ 利用大面窗景優勢，將展示櫃、書桌與座榻等機能透過系統櫃與木作，設計成一體。

# 設 計 重 點

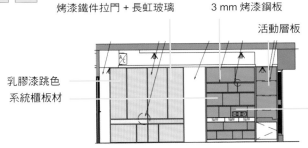

烤漆鐵件拉門 + 長虹玻璃　　3 mm 烤漆鋼板

活動層板

乳膠漆跳色
系統櫃板材

**Point 1**
異材質系統
櫃留意拼組
隙縫

## ① 異材質系統櫃留意拼組隙縫

不刻意以實心隔間來區別更衣室，反以鐵件玻璃拉門隔開，利用玻璃的通透性製造主臥空間延伸感。房內的展示櫃選用系統櫃板材打造，考量銜接書桌，展示櫃櫃身主切分一寬一短，短身嵌書桌，展示層板採活動設計，較寬處，搭配抽屜櫃收納私密性物件，至於開放式展示櫃，因選擇烤漆鋼板當櫃體中間的隔板，要留意不同材質尺寸差，避免嵌入時失去精準。

# 雙面隔間擴充收納
# 法式迷你宅機能十足

▶ 只有 9 坪的住宅，要滿足多重機能空間和收納需求，並非要將櫥櫃塞滿整個室內，而是考慮櫥櫃能整合進多少功能。

ENTRANCE

▲ 臥室弧線天花造型修飾空間四方線條，機能全巧妙藏在周邊櫥櫃裡，卻絲毫感覺不到櫃體本身的存在。

## 裝 修 快 訊

● 風格：現代法式
● 搭配建材：烤漆、平條玻璃、石材
● 櫥櫃主體：多功能複合櫃
● 設計：構設計／楊子瑩

### 設計小心機·弧線天花

為不讓室內因設置大量線板門片感到擁擠，特別是小坪數裝修元素愈多，愈顯壓迫，故選擇輕柔色調外，可以斟酌弧線天花來柔和整體線條結構。

# 核 心 概 念

印象中的小套房約莫8、9坪大，頂多10出頭，一進門便是迷你廚房兼洗衣，有些浴室因排水管線關係，也全往入口集中，接連動線無他，超迷你客廳與臥室。如若想保有各機能空間模樣，又要徹底實踐收納，不是往壁面發展各式櫥櫃，便得爭取樓板挑高空間做夾層。其實可以有更好的選擇，首先簡化櫥櫃數量，賦予更多功能選項，再來剔除不必要隔間，又或必須存在時，提升隔間機能，如隔間牆整合櫥櫃，達到雙面隔間作用。

如圖顯示的迷你宅，便是透過櫥櫃整合與隔間處理，以及低彩度灰色調與大量線板元素，來打造帶著現代法式風情的高機能收納住家。例如，玄關櫃兼具衣櫃、電器櫃和鞋櫃收納功能，全用線板和鏡面玻璃來隱藏修飾，而臥室與客廳輕巧隔間兼當電視牆，妥善利用平條玻璃，將電視隔間牆輕量化，還能讓室內保有好採光。天花板更採弧線造型，柔化結構線條，令你一點也不覺坪數迷你。

▲ 客廳和臥室的隔間不做滿，把櫥櫃配置全濃縮在隔間牆內。

收納 4

收納 3

收納 1

收納 2

收納 5

▲ 該戶小坪數收納全採門片隱密式處理，透過大量古典線板修飾。

◀ 玄關位置也是迷你廚房所在，這是一般套房基本配置，玄關櫃透過鏡面處理，可讓此處空間不顯得狹窄。

# 設 計 重 點

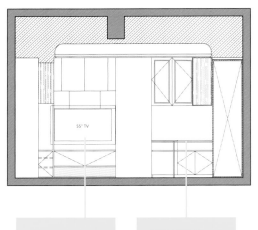

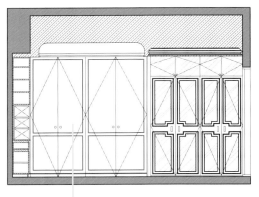

**Point 1**
電視牆背後
藏梳妝台

**Point 2**
中島兼當工
作桌 + 餐桌

**Point 3**
電器櫃收納全
用門片隱形

## ① 電視牆背後藏化妝台

電視牆也是客廳與臥房的隔間牆，
採雙面配置法，面對客廳沙發區，
壁掛電視下方盡為抽屜櫃和下掀
櫃，後邊靠臥房的，則是梳妝台，
將儲物功能全以門片櫃形式呈現，
而梳妝台寬度直接與隔間牆寬切
齊，嵌入造型梁柱，桌面搭配石材
畫龍點睛。不僅如此，電視牆側邊
空間也全拿來當置物空間，一牆三
面全能收納。

烤漆

平條玻璃 木作

石材

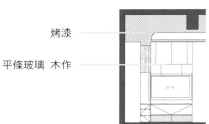

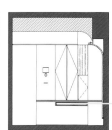

## ② 中島兼當工作桌 + 餐桌

將原面向大門的浴室入口轉向至臥室,原地直接改造成新隔間。
但正確說法是用櫥櫃嵌 L 型島檯來當微型餐桌,這裡還可以充
當屋主的工作區。L 型島檯和壁面全採用和臥室梳妝台同樣的石
材,讓空間元素整齊劃一,門片櫃除了基本線板造型外,為營造
視覺節奏,設計師也摻入金色烤漆、玻璃門片與浪紋板來修飾,
櫃體則沿著牆壁與玄關區配置相連。

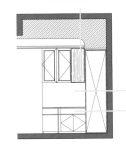

平條玻璃
金色烤漆

石材
木作

## ③ 隱形門片電器櫃收納

當家中雜物過多,或是收納種類難
以控制時,開放式櫥櫃反而不甚美
觀,尤其對小坪數空間來說,反而
因儲物條件顯得雜亂狹窄。這裡銜
接起大門進來的廚房和餐桌中島,
可以說是玄關櫃的大延伸,整合鞋
櫃、衣櫃收納之外,嵌入式冰箱隱
藏進櫃內,大大提升空間整體美
感,同時古典線板門片鑲鏡面玻
璃,利用折射效果,來延展視線。

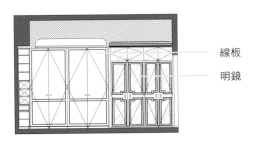

線板
明鏡

▲ 迷你宅的櫥櫃設計必須肩負隔間與複合型收納機能。

# CASE 55 鐵件玄關櫃騰空擋煞
## 弧狀櫃體媲美藝術屏風

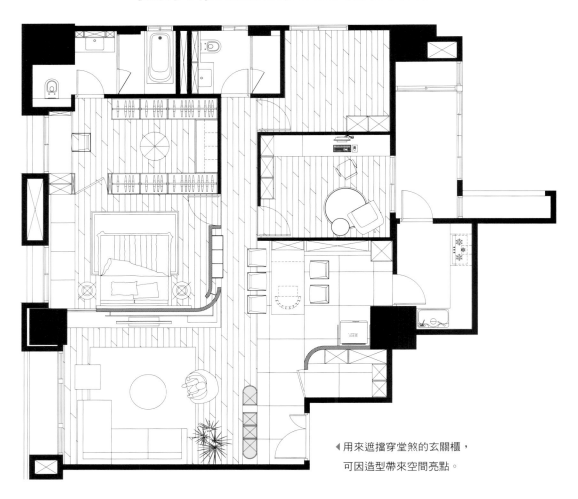

◀ 用來遮擋穿堂煞的玄關櫃，
可因造型帶來空間亮點。

### 設計小心機・施工尺寸差

鞋櫃主結構是鐵件，外包木作烤漆，櫃體與鐵件平接外露部分需先計算預留兩種材質不同厚度之基準，避免完成後櫃體有凹凸現象，收邊粗糙。

### 裝 修 快 訊

● 風格：現代簡約
● 搭配建材：木作、鐵件、木芯板、油漆冷烤、BLUM 緩衝絞鍊
● 櫥櫃主體：玄關櫃
● 設計：築本國際設計／楊翔凱

# 核 心 概 念

考慮男女主人有大量雜物和鞋子收納需求，而一開門更有風水穿堂煞問題，又不想為此設計玄關櫃卻遮擋掉採光，讓玄關昏暗，因此設計師轉念將玄關鞋櫃騰空，不頂天也不立地，整個櫃體做成圓弧拋物線，也未整個靠牆，弧線造型與鄰近的儲藏室隔間相呼應，讓鞋櫃宛如一座藝術屏風。

▲ 圓弧狀的玄關櫃騰空處理，反而成為室內麗焦點。（本文攝影／范崇豪）

# 設 計 重 點

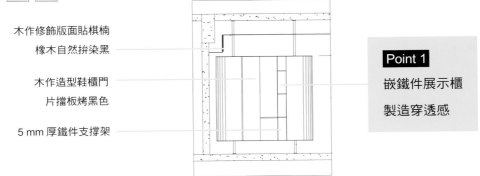

木作修飾版面貼棋楠
橡木自然拃染黑

木作造型鞋櫃門
片擋板烤黑色

5 mm 厚鐵件支撐架

**Point 1**
嵌鐵件展示櫃
製造穿透感

## ① 嵌鐵件展示櫃製造穿透感

玄關鞋櫃中間為鐵件展示層板，併連到圓管支架，為能撐起結構與維持木作櫃體穩定性，懸空鐵件得先設置和建物結構固定的鐵件，再和外露鐵件接合，除此木作櫃體和鐵件接合處要預留彈性收邊空間，避免不同材質切割面外露造成破口。

# CASE 56 金屬紅酒櫃 暖調下的雅致品味

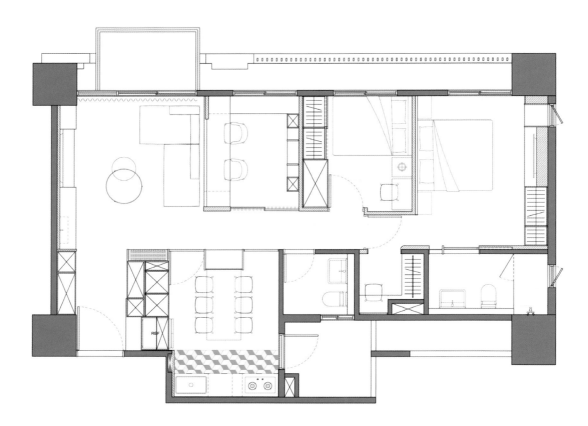

▲ 因屋主有展示紅酒需求，特別量身訂做充滿金屬質感的紅酒展示櫃。

## 設計小心機・金屬飾皮

酒架採不鏽鋼圓棒打造，為能兩相襯托，酒架展示櫃的背板選用金屬飾皮，藉由金屬光澤感，讓視覺更顯和諧。

## 裝 修 快 訊

- 風格：現代簡約
- 搭配建材：系統櫃體、薄板瓷磚、木作側板以及底板、金屬飾皮、不鏽鋼圓棒
- 櫥櫃主體：紅酒展示櫃
- 設計：有隅空間規劃所／有隅空間規劃所設計團隊

# 核 心 概 念

屋主希望有個沉穩居住環境，設計師特以深胡桃色為主調，藉由木紋質地來彰顯溫潤質感。從一進門玄關區的磁磚地坪到客廳木地板，暗喻回家時的氣氛轉換。公共空間不做多餘櫥櫃，還給空間大器之姿，改讓屋主特別指定的紅酒櫃，透過金屬材質與胡桃木色撞擊出住家新亮點。

▲ 紅酒櫃旁的玻璃門間隔著餐廳廚房區，玻璃穿透性連接了個機能空間，同時放大視覺感受，讓外頭自然光線得以進入。

# 設 計 重 點

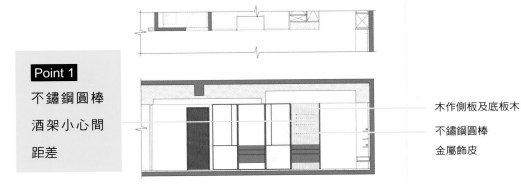

**Point 1**
不鏽鋼圓棒酒架小心間距差

木作側板及底板木
不鏽鋼圓棒
金屬飾皮

## 1 不鏽鋼圓棒酒架小心間距差

設計師規劃前有先田調酒類展示櫃結構組成，酒瓶與酒杯擺設收納，一個直立或橫躺，另個倒掛收納，往往由兩個組件來整合。為求設計一致性，最後決議採用不鏽鋼圓棒來當陳列架，縝密計算圓棒間距，太寬，倒掛酒杯容易有危險，若太窄，則酒瓶無法穩固放置。另外考量酒櫃背板貼金屬飾皮，以防貼工有落差，需先在背板洗好圓棒孔洞，有其施工順序。

# CASE 57 沿著樓梯集中收納
# 樓中樓書房複合機能至上

▲ 書房為樓中樓型態，考慮未來使用彈性，規劃成複合式空間，把
　收納全藏在側邊樓梯與壁面。

## 設計小心機‧圓角收邊

因應屋主風水要求，全室近80% 不會看到直角，改以倒圓角或圓弧造型來修飾隔間或櫃體的邊邊角角。

## 裝 修 快 訊

● 風格：摩登都會

● 搭配建材：木作、門片烤漆、實木踏階、
　燈條、灰玻璃、系統櫃

● 櫥櫃主體： 多功能複合櫃

● 設計：安喆設計／陳佳暄、林威任

# 核 心 概 念

三個姊妹彼此住在不同城市，為了家庭聚
會，能滿足成員們一時攏聚而來，互道別離
時又恢復日常，若一開始隔太多臥室空間，
家庭成員離去時，反變空房用途大減，同時
考慮坪數不大，住宅改造得保留使用彈性。
保留一基本主臥，將其他隔間改造成多功能
複合空間，其中的書房作為樓中樓，夾層當
書桌工作區，地面層主收納，櫥櫃全往牆壁
樓梯靠攏，騰出的空間可當客房使用。

▲ 樓中樓書房，樓梯與展示櫥櫃合併，梯下有大量儲藏空間。

# 設 計 重 點

**Point 1**
梯下全藏收
納空間

側抽櫃

木作踢下收納側抽櫃

門片烤漆

木作夾層階梯
實木樓梯踏階

抽屜櫃

## ① 梯下全藏收納空間

為解決小空間收納不足問題，設計師將夾
層衍生的樓梯與梯下空間，轉作櫃體，樓
梯旁的側牆則規劃開放櫃體，以玻璃層板
弱化量體，櫥櫃背板還嵌燈條，可用於
展示收藏。至於樓梯下方，活用梯下畸零
地，以木作和系統櫃打造大量抽屜櫃。

# CASE 58 浴室收納抗潮實用主義
# 人體工學與靈活動線兩兼顧

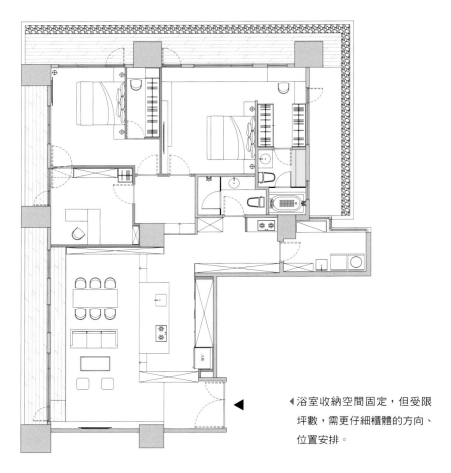

◀浴室收納空間固定，但受限
坪數，需更仔細櫃體的方向、
位置安排。

### 設計小心機・暖風機

現在的浴室多乾濕分離設計，但如果有用到木質
櫥櫃，或有貼木皮類者，為避免木類材質受潮，
很是建議浴室安裝暖風機，有助除濕，但需留意
電壓穩定。另外，木質櫥櫃最好不要碰地，否則
容易浸潤濕氣發霉。

## 裝 修 快 訊

● 風格：現代工業風
● 搭配建材：鋼刷栓木木皮
　板、人造石、美耐板、明鏡
● 櫥櫃主體：浴櫃
● 設計：太硯設計／高詩杰

## 核 心 概 念

一般來說浴室的櫥櫃設計，功能也較明確，鮮少複合式需求，加上使用坪數比其他機能空間小，櫥櫃項目以浴櫃收納毛巾衣物、清潔用品等為主。考慮主臥浴室空間較小，採乾溼分離，分割出浴缸淋浴間後，扣除馬桶、洗臉槽，能挪動空間不多，加上衛浴門又是置中，浴櫃只能分成兩側規劃。一邊面盆吊櫃，上方貼明鏡，可舒展視覺延伸效果，一邊則為工字型置物，可展示可收納。

▲ 浴室空間較窄，如浴櫃不能安排同側，需注意轉身寬度，免得行動不便。

## 設 計 重 點

面貼鋼刷栓木木皮板

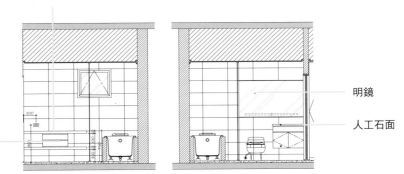

明鏡

人工石面

**Point 1**
多用途工字型置物櫃

### ① 多用途工字型置物櫃

工字型置物，以鋼刷栓木木皮為櫃體外觀，檯面可放置乾淨的毛巾、衛生紙等，中間抽屜櫃可收納牙膏牙刷備品，兩邊的凹槽，如有其他需求，可以現成置物籃來擺放，正好與擺設沐浴乳清潔用品的面盆吊櫃，細分各自收納機能。

展示檯面

置物籃　抽屜櫃　置物籃

# CASE 59 二面櫃頂天對稱
## 劃清公共空間與私領域界線

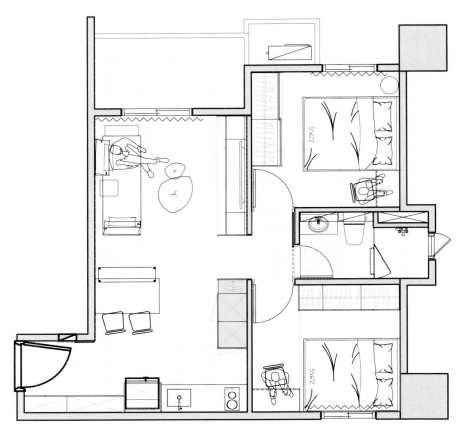

▲ 長形公共空間的櫥櫃設計，更需多重櫃體組合搭配不同建材，才能帶起視覺節奏。

### 設計小心機・隱藏式燈光

客廳主牆立面的兩座櫃體設計，上下皆鑲嵌 LED 燈，可讓整個電視主牆成為空間展示一部分。

### 裝 修 快 訊

● 風格：現代簡約
● 搭配建材：系統板材、LED 燈、灰鏡
● 櫥櫃主體：複合型電器櫃
● 設計：簡致設計／簡致設計團隊

## 核 心 概 念

捨棄原建商格局配置,改將沙發餐桌安排在同一面向,收納廚櫃則沿著入口壁面,呈現 L 型串接到臥室廊道,依機能空間動線賦予廚櫃各式功能,也就是廚房家電、視聽設備等全整合進櫃體中。同時設計師選擇淺色橡木為空間主視覺,電視主牆大膽運用黑色框架,配合燈光照明,使公共空間更加聚焦。

▲ 運用燈光和黑色框線,讓公共空間視覺得以聚焦。

## 設 計 重 點

櫃體上方、下方 LED 燈

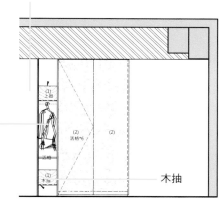

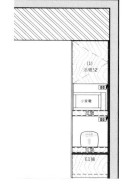

Point 1
家電收納櫃
合併迷你衣
物間

木抽

### 1 家電收納櫃合併迷你衣物間

電視牆櫃側邊,也就是通往臥房廊道鄰近壁面的櫃體,共有 2 機能組成。一為家電收納櫃,門片打開可放置大型物件或其他雜物,櫥櫃側身展示架可放置小型電器,另一為迷你衣物間,彌補玄關櫃之不足。

# CASE 60
## 一片旋轉拉門書架
## 帶來主臥滿室春光

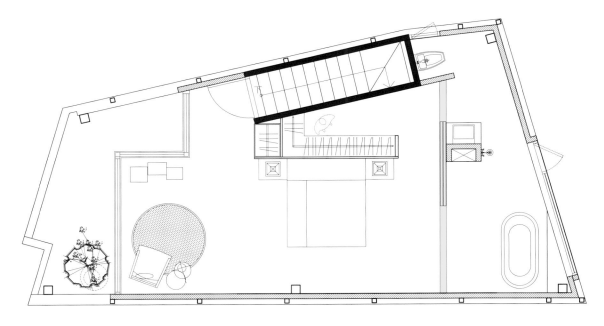

▲ 活動式門板，區隔了主臥和浴室隔間，也遮蔽了亟欲隱藏的畸零空間，創造出使空間穩定的基準線。

## 裝 修 快 訊

● 風格：現代極簡

● 搭配建材：黑鐵烤白色、
　梧桐木染白

● 櫥櫃主體：多功能複合櫃

● 設計：雨後設計／黃凱崙

▶ 位於三樓的主臥，其浴室藏玄機，
　入口的門片採旋轉拉門設計。

# 核 心 概 念

環伺整個基地呈現梯形，而遠
在三樓的主臥，衛浴空間猶如
一個三角地帶，因沒有其他機
能空間配置需求，設計師索性
將室內空間退縮，打造一景觀
陽台，把戶外景色攬入室內，
床頭主牆矗立頂天立地的木
作 L 型櫃體，兼作更衣收納，
其溫潤木質方形量體和全室白
灰色調，一冷一暖營造和諧氛
圍。而最大亮點莫過於浴室入
口，透過拉門結合旋轉門的門
片設計，打開室內開放感。

▲ 浴室門片結合拉門和旋轉門功能。

## 設計小心機 · 架高地板

為區隔浴室和主臥，以及考量洩水和管線問題，浴室地
坪架高處理。

▲ 浴室牆壁結合壁龕，可擺放飾品，以軟裝修飾整體空間，未必一定要做滿櫥櫃收納。

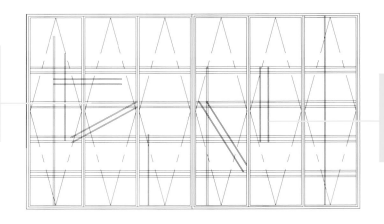

**Point 1**
門片結合書
架像書牆

**Point 2**
雙面旋轉拉門
可引光

## 1 門片結合書架像書牆

浴室入口的門片並不只是門片,設計師還加裝展示造型
書架,可放置雜誌或屋主喜愛的書籍,讓屋主想邊泡澡
邊閱讀時,可隨手拾取,增添生活情趣,而架上的書冊
又成為這面旋轉拉門的另一道風景。不過要注意這裡的
書架顧及載重力和設計需求考量,是展示機能大於收納
機能。若旋轉拉門是配置在其他區域,便另當別論了。

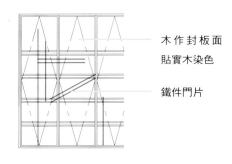

木 作 封 板 面
貼實木染色

鐵件門片

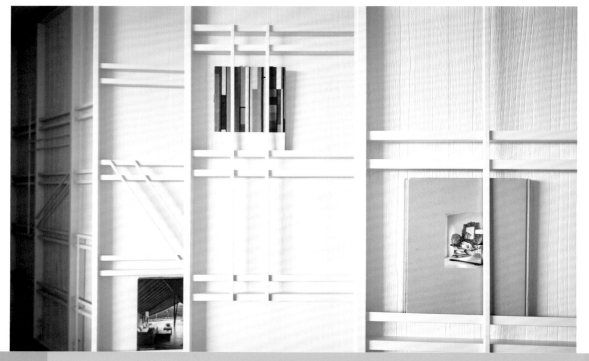

## ② 雙面旋轉拉門可引光

主臥浴室入口利用拉門來當活動隔間，但這道拉門玄機滿滿，門片同時具有拉門、旋轉門等功能，當有需使用浴室時，整扇門片可闔上保有隱私，或旋轉門片，調整開放角度，感受不同感性時刻，眺望設計師刻意引入的戶外景色。且門片旋轉角度可控制光線射入強弱，讓全室擁有極佳採光。

大門框是拉門
小門旋轉門

木作封板面貼實木染色

▲ 因為旋轉拉門隔間，以及整體氛圍營造，讓主臥視覺多變性高。

# 協力室內設計 list

（依筆畫順序）

## 一水一木設計
- 📞 03 - 5500122
- 📍 新竹縣竹北市復興三路二段 68 號
- 🌐 www.1w1w-id.com
- Ⓕ www.facebook.com/1w1wdesign.fans

## 一它設計
- 📞 037 - 333294
- 📍 苗栗市 360 苗栗市勝利里 13 鄰楊屋 20-1 號
- 🌐 itdesign-space.com
- Ⓕ www.facebook.com/It.Design.Kao

## 大湖森林室內設計
- 📞 02 - 26332700
- 📍 台北市內湖區康寧路三段 56 巷 200 號
- 🌐 www.lakeforest-design.com
- Ⓕ www.facebook.com/lakeforest26332700

## 大衛麥可設計
- 📞 02 - 86607618
- 📍 新北市永和區永貞路 360 巷 1 號 1 樓
- 🌐 davidmichael.com.tw
- Ⓕ www.facebook.com/davidmichael89618549

## 田遇設計
- 📞 07 - 3592157
- 📍 高雄市左營區文強路 178 號
- 🌐 www.tyarchitects.com.tw
- Ⓕ www.facebook.com/tyarchistudio.Co.LTD

## 丰墨設計
- 📞 02 - 28383077
- 📍 台北市松山區復興南路一段 57 號 7 樓
- 🌐 www.formo-design-studio.com
- Ⓕ www.facebook.com/formo.design.studio

## 太硯設計
- 📞 02 - 55964277
- 📍 台北市信義區忠孝東路五段 492 巷 3-1 號 1 樓
- Ⓕ www.facebook.com/MoreInInteriorDesign

## 禾光設計
- 📞 02 - 27455186
- 📍 台北市信義區松信路 216 號
- 🌐 herguang.com
- Ⓕ www.facebook.com/HerGuang

## 引裏設計

📞 02 - 22114655

📍 新北市新店區中央三街 80 號

🌐 www.inlidesign.tw

📘 www.facebook.com/
INLIDESIGN

## 羽筑設計

📞 03 - 5501946

📍 新竹縣竹北市環北路二段 34-5
號

🌐 www.yuchudesign.com

📘 www.facebook.com/
yuchudesign

## 朵爾設計

📞 0923 - 324626

📍 台中市南屯區大業路 241 號 3
樓之 1

🌐 www.door-space.com

📘 reurl.cc/eWDzOj

## 有隅空間規劃所

📞 0970 - 049352

📍 台中市西區台灣大道二段 285
號 22 樓 2210 室

🌐 www.havenspacedesign.com

📘 www.facebook.com/haven.
space.design

## 百玥空間設計

📞 02 - 26089660

📍 台北市內湖區內湖路一段 66
號 3 樓

🌐 www.baiyue.io

📘 www.facebook.com/
house588888

## 宇肯空間設計

📞 02 - 27476599

📍 台北市松山區光復南路 55 號 2
樓

🌐 wecan552.com

📘 www.facebook.com/wecan668

## 安喆空間設計

📞 03 - 3581673

📍 桃園市桃園區同德十二街 187
號 1 樓

📘 www.facebook.com/anj.interior

## 你妳設計

📞 02 - 27595582

📍 台北市信義區大道路 93 號 1
樓

🌐 ninihouse.com.tw

📘 www.facebook.com/NiNiforyou

## 邑田空間設計

📞 0958 - 189666

📍 台北市中正區臨沂街 13 巷 8
號 1 樓

📘 www.facebook.com/etanspace

## 雨後設計

📞 02 - 25213000

📍 台北市長安東路一段 56 巷 1
弄 19 號 1 樓

🌐 www.iiiudesign.com

📘 www.facebook.com/iiiudesign

## 知域設計 & 一己空間制作

📞 02 - 25520208

📍 台北市大同區雙連街 53 巷 27
號

🌐 norwe.com.tw

ichi-design.com.tw

📘 www.facebook.com/ruk9585t

www.facebook.com/
ichi25520208

## 享家設計

📞 02 - 85219789

📍 新北市板橋區漢生東路 299 巷
11 號 1 樓

🌐 www.en-joy8.com

📘 www.facebook.com/enjoyspace

## 采荷室內設計

📞 07 - 3431647、0938803067

🌐 www.colorlotus-design.com

## 紅殼設計

📞 02 - 26068524

📍 台北市松山區民族東路 689 號
1 樓

🌐 www.homkerdesign.com

📘 www.facebook.com/HomkerD

# 協力室內設計 list

（依筆畫順序）

## 相捷空間設計事務所
- 0935 - 389553
- 台中市西區五權五街 246 巷 9 號 1 樓
- www.justyle.com.tw
- www.facebook.com/justyle.studio

## 晟角製作設計
- 02 - 23023178
- 台北市萬華區柳州街 84 號 1 樓
- www.ga-interior.com
- www.facebook.com/gainterior

## 夏木設計
- 04 - 25604523
- 台中市西屯區市政路 402 號 5E
- www.facebook.com/shamoointeriordesign

## 時工分設計
- 03 - 3160695
- 桃園市桃園區慈德街 16 號
- www.10cmdesign.com
- www.facebook.com/10cmdesign

## 家和空間設計
- 03 - 5355139
- 新竹市北區光華東一街 3 號
- www.facebook.com/homepeace2008

## 麻石設計
- 0976 - 379005
- 台北市內湖區成功路四段 61 巷 22 弄 19 號 1 樓
- ding20.com
- www.facebook.com/mustdesign888

## 晨室設計
- 02 - 25071102
- 台北市中山區濱江街 350 號 2 樓
- www.chen-interior.com
- www.facebook.com/chen.interior

## 寓子設計
- 02 - 28349717
- 台北市士林區磺溪街 55 巷 1 號 1 樓
- www.uzdesign.com.tw
- www.facebook.com/u.interiordesign

## 湜湜設計

📞 02 - 27495490
📍 台北市中正區臨沂街 50 之 5 號 1 樓
🌐 shih-shih.com
f www.facebook.com/shih. interiordesign

## 創界設計

📞 02 - 27600968
📍 台北市松山區民生東路五段 27 巷 8 號 1 樓
🌐 www.climitdesign.com
f www.facebook.com/Climit. design

## 誠砌室內裝修設計工程有限公司

📞 02 - 27299907
📍 台北市信義區松智路 36 號 1 樓
🌐 www.cheng-qi.com
f www.facebook.com/ chengqidesign

## 構設計

📞 02 - 89137522
📍 新北市新店區中央路 179-1 號 1 樓
f www.facebook.com/ madegodesign

## 齊禾設計

📞 02 - 27487701
📍 台北市松山區八德路四段 245 巷 32 弄 18 號 1 樓
🌐 www.chihedesign.com
f www.facebook.com/ ChiHeDesign

## 澄易設計

📞 0928 - 013723
📍 桃園市八德區建國路 1051 號
🌐 www.chengyi-design.com.tw
f reurl.cc/ROzqye

## 層層室內裝修設計

📞 02 - 26086530
📍 新北市林口區南勢街 232-1 號 1 樓
🌐 cc-interior.com
f www.facebook.com/CCID.LTD

## 樂創設計

📞 04 - 26234567
📍 台中市沙鹿區中清路八段 300 號
🌐 www.lifecreator-design.com
f www.facebook.com/ lifecreatordesign

## 樺設設計

📞 02 - 87870587
📍 台北市松山區富錦街 12 巷 4 號
🌐 hsid.tw
f www.facebook.com/HSID. studio

## 築居思設計

📞 02-87926912
📍 台北市內湖區星雲街 51 號 1 樓
f www.facebook.com/bdt.design. group

## 築青國際設計

📞 04 - 22510303
📍 台中市南屯區懷德街 31 巷 15 號
🌐 arching.com.tw
f www.facebook.com/arching168

## 築本國際設計

📞 04 - 23761393
📍 台中市南區西川一路 227 號 1 樓
🌐 rootlocus.co
f www.facebook.com/rootlocus. tw

## 簡致設計

📞 04 - 23761276
📍 台中市西區福人街 65 號
🌐 www.simpleutmost.design
f www.facebook.com/ Simpleutmostdesign

## 優尼客設計

📞 02 - 28855058
📍 台北市士林區承德路四段 12 巷 56 號 1 樓
🌐 unique-design.com.tw
f www.facebook.com/unique. design.com.tw

## 謐空間

📞 0939 - 733303
📍 台北市松山區延壽街 402 巷 2 弄 10 號 1 樓
🌐 miidesign.com.tw
f www.facebook.com/ miidesigntaipei

# 櫥櫃設計：
# 不「藏步」的室內裝修秘訣都在這

| | |
|---|---|
| 作者 | 美化家庭編輯部 |
| 總經理暨總編輯 | 李亦榛 |
| 特助 | 鄭澤琪 |
| 主編 | 張艾湘 |
| 特別感謝 | id SHOW 好宅秀 |
| 封面與版面構成 | 古杰 |
| 內文編排 | 黃綉雅 |

| | |
|---|---|
| 出版公司 | 風和文創事業有限公司 |
| 地址 | 台北市大安區光復南路 692 巷 24 號 1 樓 |
| 電話 | 02-2755-0888 |
| 傳真 | 02-2700-7373 |
| Email | sh240@sweethometw.com |
| 網址 | www.sweethometw.com.tw |

台灣版 SH 美化家庭出版授權方
凌速姊妹（集團）有限公司
In Express-Sisters Group Limited

| | |
|---|---|
| 公司地址 | 香港九龍荔枝角長沙灣道 883 號億利工業中心 3 樓 12-15 室 |
| 董事總經理 | 梁中本 |
| Email | cp.leung@iesg.com.hk |
| 網址 | www.iesg.com.hk |

| | |
|---|---|
| 總經銷 | 聯合發行股份有限公司 |
| 地址 | 新北市新店區寶橋路 235 巷 6 弄 6 號 2 樓 |
| 電話 | 02-29178022 |

| | |
|---|---|
| 製版 | 彩峰造藝印像股份有限公司 |
| 印刷 | 勁詠印刷股份有限公司 |
| 裝訂 | 祥譽裝訂股份有限公司 |
| 定價 | 新台幣 550 元 |
| 出版日期 | 2023 年 1 月初版一刷 |

**國家圖書館出版品預行編目 (CIP) 資料**

櫥櫃設計： 不「藏步」的室內裝修秘訣都在這 . --
初版 . -- 臺北市 : 風和文創事業有限公司 , 2023.1
面; 公分

ISBN 978-626-96428-3-0（平裝）

1.CST: 家庭佈置 2.CST: 室內設計 3.CST: 櫥

422.34 111020248